图书在版编目（C I P）数据

草木私语：植物世界那些事　祁云枝著.
—武汉：湖北科学技术出版社，2017.4（2018.9重印）
（中国科普大奖图书典藏书系）
ISBN 978-7-5352-7380-2

Ⅰ. ①草…　Ⅱ. ①祁…　Ⅲ. ①植物-普及读物
Ⅳ. ①Q94-49

中国版本图书馆CIP数据核字（2017）第033271号

U0232738

CAO MU SI YU
ZHIWU SHIJIE NAXIESHI

责任编辑：罗　萍　刘　辉　高　然　傅　玲　　封面设计：胡　博

出版发行：湖北科学技术出版社　　电话：027-87679468
地　　址：武汉市雄楚大街268号　　邮编：430070
（湖北出版文化城B座13-14层）
网　　址：http://www.hbstp.com.cn

印　　刷：武汉立信邦和彩色印刷有限公司　　邮编：430026

700×1000　1/16　　12印张　2插页　162千字
2017年4月第1版　　2018年9月第5次印刷
定价：22.00元

中国科普大奖图书典藏书系

草木私语

植物世界那些事

祁云枝◎著

长江出版传媒 湖北科学技术出版社

选题策划　何　龙　何少华

执行策划　彭永东

编辑统筹　彭永东

装帧设计　胡　博

督　　印　刘春尧

责任校对　蒋　静

总 序

ZONGXU

我热烈祝贺"中国科普大奖图书典藏书系"的出版!"空谈误国,实干兴邦。"习近平同志在参观《复兴之路》展览时讲得多么深刻!本书系的出版,正是科普工作实干的具体体现。

科普工作是一项功在当代、利在千秋的重要事业。1953年,毛泽东同志视察中国科学院紫金山天文台时说:"我们要多向群众介绍科学知识。"1988年,邓小平同志提出"科学技术是第一生产力",而科学技术研究和科学技术普及是科学技术发展的双翼。1995年,江泽民同志提出在全国实施科教兴国的战略,而科普工作是科教兴国战略的一个重要组成部分。2003年,胡锦涛同志提出的科学发展观则既是科普工作的指导方针,又是科普工作的重要宣传内容;不是科学的发展,实质上就谈不上真正的可持续发展。

科普创作肩负着传播知识、激发兴趣、启迪智慧的重要责任。"科学求真,人文求善",同时求美,优秀的科普作品不仅能带给人们真、善、美的阅读体验,还能引人深思,激发人们的求知欲、好奇心与创造力,从而提高个人乃至全民的科学文化素质。国民素质是第一国力。教育的宗旨,科普的目的,就是为了提高国民素质。只有全民的综合素质提高了,中国才有可能屹立于世界民族之林,才有可能实现习近平同志最近提出的中华民族的伟大复兴这个中国梦!

新中国成立以来,我国的科普事业经历了1949—1965年的创立与发展阶段;1966—1976年的中断与恢复阶段;1977—

1990年的恢复与发展阶段；1990—1999年的繁荣与进步阶段；2000年至今的创新发展阶段。60多年过去了，我国的科技水平已达到“可上九天揽月，可下五洋捉鳖”的地步，而伴随着我国社会主义事业日新月异的发展，我国的科普工作也早已是一派蒸蒸日上、欣欣向荣的景象，结出了累累硕果。同时，展望明天，科普工作如同科技工作，任务更加伟大、艰巨，前景更加辉煌、喜人。

“中国科普大奖图书典藏书系”正是在这60多年间，我国高水平原创科普作品的一次集中展示，书系中一部部不同时期、不同作者、不同题材、不同风格的优秀科普作品生动地反映出新中国成立以来中国科普创作走过的光辉历程。为了保证书系的高品位和高质量，编委会制定了严格的选编标准和原则：一、获得图书大奖的科普作品、科学文艺作品（包括科幻小说、科学小品、科学童话、科学诗歌、科学传记等）；二、曾经产生很大影响、入选中小学教材的科普作家的作品；三、弘扬科学精神、普及科学知识、传播科学方法，时代精神与人文精神俱佳的优秀科普作品；四、每个作家只选编一部代表作。

在长长的书名和作者名单中，我看到了许多耳熟能详的名字，备感亲切。作者中有许多我国科技界、文化界、教育界的老前辈，其中有些已经过世；也有许多一直为科普事业辛勤耕耘的我的同事或同行；更有许多近年来在科普作品创作中取得突出成绩的后起之秀。在此，向他们致以崇高的敬意！

科普事业需要传承，需要发展，更需要开拓、创新！当今世界的科学技术在飞速发展、日新月异，人们的生活习惯和工作节奏也随着科学技术的进步在迅速变化。新的形势要求科普创作跟上时代的脚步，不断更新、创新。这就需要有更多的有志之士加入到科普创作的队伍中来，只有新的科普创作者不断涌现，新的优秀科普作品层出不穷，我国的科普事业才能继往开来，不断焕发出新的生命力，不断为推动科技发展、为提高国民素质做出更好、更多、更新的贡献。

“中国科普大奖图书典藏书系”承载着新中国成立60多年来科普创作的历史——历史是辉煌的，今天是美好的！未来是更加辉煌、更加美好的。我深信，我国社会各界有志之士一定会共同努力，把我国的科普事业推向新的高度，为全面建成小康社会和实现中华民族的伟大复兴做出我们应有的贡献！“会当凌绝顶，一览众山小”！

中国科学院院士
华中科技大学教授 杨叔子 二〇一二 九、廿八

序　言

地球上千姿百态的植物、动物、微生物及其变化多样的自然形式，构成了地球生命之网。认识和研究物种多样性、珍爱与保护生物多样性，是维系人类自身生存和发展的需要，也是每一个地球成员应尽的义务和责任。

科学家预言，21 世纪是生命科学的世纪。生活在新千年的青少年肩负着探索生命科学新的未知领域，寻求人类与其他生命体系和睦共处、协同发展，开创人类文明新纪元的历史使命，因此认真地学习和继承前人所积累的知识，将是完成这一历史使命的必经之路。

面向新的世纪，中华民族将实现伟大的复兴，党中央提出了科教兴国和可持续发展的战略。科技界的责任在于通过科技创新，不断提升综合国力，不断地通过弘扬科学精神、传播科学思想、倡导科学方法、普及科学知识，提高全民族的科学素质。

由我院祁云枝同志编写的《草木私语：植物世界那些事》，是一本知识性和趣味性兼备的植物科普读物。作者用浅显易懂、风趣幽默的语言和图片，加之人性化的写作手法，把植物知识深入浅出地介绍给读者，让人们对于植物的兴趣，产生在愉悦的阅读中，让科学思想和科学精神伴随植物知识深入人心。

值得一提的是，本书是中国科协自《科普法》实施以来，由中国科协首批专项资助的科普读物，相信该书的出版发行，对我国青少年科学文化素质的提高将发挥积极的作用，对于教育全社会珍爱我们的绿色家园、保护植物资源、支持环保事业具有重要意义。

中国科学院西安分院 党组书记
陕西省科学院 副院长 周杰

目　录

第一章　人性化植物

第二章 撷趣大观园

第三章 植物奇能

第四章 植物宝贝

第五章 植物与人类

第一章 人性化植物

花草家族里的“音乐迷”

你是不是总叹息客厅里的花卉长势不旺、阳台上的观叶植物无精打采？也许你已经尽力了，为它们定期浇水、施肥、防虫、修剪……可这些花草并不领情。

如果我告诉你这些花卉或许是因为你家电视机和音响的噪音太大，或者是观叶植物久居阳台，太闷，它们“欣赏”不到赏心悦耳的音乐，自然娇弱多病、垂头耷脑，你相信吗？

这绝非戏言！用音乐给植物治病，早已在许多国家作为一门研究课题开展起来了。不同植物对音乐有着不同的“品味”，只要音乐对口，无论是花草还是蔬菜都会枝繁叶茂，茁壮成长。

印度古老的园艺中曾有过这样的记载：为生病的花卉或蔬菜唱一首歌或演奏一支曲子。我国清朝人写的《秋坪新语》里也有一段关于“弹琴动菊花”的描述，大意为：一位叫侯嵩高的人善于抚琴，也喜养菊花，他在书房里摆满了琳琅满目的菊花。一天夜里，月朗星稀，感觉颇好的他点上蜡烛，独自弹起一支悠扬的曲子，忽见身旁的菊花随音律的起伏竟然轻轻摇晃。侯先生以为自己眼花了，或者是微风潜入所为，没去理会。然而，当他再次理弦重弹时，菊花又一次跟着琴声摇摆。这一回，他吓得推琴而起，不敢再弹了。

呵呵，又一个好龙的叶公！其实，侯先生若知道是他的琴音打动了菊花，不仅不会惊慌，反而会生出几分得意，知音难觅啊！他家的菊花，或许也会因为经常享受悦耳的琴音而分外妩媚呢！

美国专家曾做过一次有趣的试验。他们在两间光照、温度、湿度、土壤条件等均相同的花房内，分别种上两株大小相同的葫芦，每天，在一个房间内重复播放刺耳的摇滚乐，而在另一个房间内，播放悦耳的古典音乐。结果，前者生长迟缓，孱弱的枝蔓像是躲避瘟疫似的远远地绕开录音机生长，而后者却枝繁叶茂，绿茵茵的枝蔓，不几天便缠绕在了录音机上，与之难解难分。

“植物声学”方面近年的研究也支持了这个观点。研究人员发现，在拟南芥幼苗时期，如果加入一定频率的声波，原本齐刷刷向下生长的根，会方向一致地朝声源方向生长。

可见，对花草弹琴，并非如“对牛弹琴”那样，是令人耻笑的盲目行为。

含羞草也是一位音乐发烧友。有人把含羞草分成两组，一组每天给它们播放轻音乐，另一组作为对照不让它们听音乐。结果在同等水肥和光照条件下，听音乐的含羞草植株比听不到音乐的植株高了 1.5 倍，而且叶子和枝刺要长得相对多而壮实。

普遍认为，植物爱听音乐，是由于音乐的声波引起植物机体有节律地振动的结果。这种低频振动，相当于一种植物“肥料”，使得植物体内某些不活跃的分子积极行动起来，也让机体里一些“懒惰贪睡”的家伙也清醒过来，开始伴着动听的乐曲“翩翩起舞”，它们同心协力地工作，自然会促使植株长得茁壮了。

贝多芬或巴赫的音乐可以使枯萎的玫瑰或者干瘪的小红萝卜起死回生，重新变得水灵硬朗起来，而铿锵的摇滚乐，只会让一些“神经衰弱”的植物加速死亡。

美国植物学家乔治·史密斯用矮牵牛花作为实验材料，测出牵牛花喜爱的作曲家排行榜如下：巴赫、埃林顿公爵、路易斯·阿姆斯特朗……如果用重金属乐器演奏的摇滚乐不断地向牵牛花灌输，过不了几天，可怜的牵牛花叶子就耷拉下来，最多四个星期，便一命呜呼了。

史密斯还发现，玉米和大豆听了《蓝色狂想曲》后，发芽率特别高；南瓜偏爱海顿和勃拉姆斯；甜瓜则钟情舒伯特；仙人掌对斯特拉夫斯基一往情深；而他种的红玫瑰，简直迷上了贝多芬的小提琴演奏曲D大调第61乐章……

摇滚乐，几乎不能赢得任何一种花儿的芳心。

英国科学家约翰·朗斯塔夫以他多年对自家菜园中蔬菜的研究，列出了各种蔬菜所中意的音乐家的作品，这份名单是：胡萝卜、芜菁、甘蓝和马铃薯爱听威尔第、瓦格纳的音乐；白菜、豌豆和生菜沉迷于莫扎特、罗西尼的作品……他给他的蔬菜乐迷们灌输歌剧。他说：“它们的确比邻居菜园的蔬菜长得快，而且味道和口感都要好一些。但也有部分植物如红甜菜缺乏乐感。”

大量实验结果表明：植物对声音确有感知作用，尤其对某些音频特别敏感——声音频率在 3000 ~ 5000 赫兹的音乐，可以使植物细胞产生共振现象，促进植物的新陈代谢，可使植物生长量增加 20% ~ 60%，并且能增强其抗病虫害的能力；相反，喧闹的噪音不但没法调动植物分子的“健康情绪”，反而破坏了原有的规律和安宁，结果自然会阻碍植物的生长发育，使其生长量降低，乃至完全停止生长。别看植物没长嘴巴不会表达，但它们心里清楚，什么是好，什么是坏。

研究还表明，乐曲中的 F 调对促进植物生长最有效。美国、韩国、日本等 30 多个国家已将“音乐疗法”应用于园艺、作物栽培、食用菌栽培和发酵等领域，取得了可喜的成效。目前，植物生理学家正在更为深入地研究不同植物对不同的旋律和音频的感应以及不同生长期对音乐的需求等。但植物爱听音乐，这点是毋庸置疑的。

这下，你该知道怎样侍弄家中那些有“音乐品味”的绿色朋友了吧，别让花草音乐迷们太寂寞哦！

植物巧斗动物

嗯？看到这个题目，你肯定想：植物斗动物，它们根本就不在一个“频道”上嘛！动物可以随意噬咬、摧残植物，而植物面对灾难，既无腿脚可以逃逸，也无手臂可以反击，似乎只有无可奈何的“沉默”和“坐以待毙”。岂不知，这“沉默”中却也孕育着强大的“杀机”，随时会实施弱者的反击，只不过人的眼睛看不见罢了。

1981 年，美国北部的橡树林里出现了一种舞毒蛾，它们贪婪成性，短短几个月便把方圆 66 万公顷的橡树叶子啃得精光。可是，第二年舞毒蛾却令人费解地销声匿迹了，橡树又蓬蓬勃勃地长出了新叶。

科学家通过分析橡树叶子中的化学成分发现，在遭受舞毒蛾侵袭前，橡树叶子中所含的单宁(单宁是一种能溶解于水和酒精的化学物质，略带酸性，味涩，多存在于某些植物的树干、茎、皮、根、叶、果内)并不多，但在新长出来的叶子中，单宁的含量大大增加了。大量的单宁和舞毒蛾胃中的蛋白酶结合，使得橡树叶子变成了一种难以消化的食物。过多的食物滞留在舞毒蛾胃中，使得它们的行动变得笨拙而又迟缓，不是病死，就是被鸟类吃掉。

无独有偶，在美国阿拉斯加原始森林中，一度野兔繁殖过于迅速，大片树木的根被啃得七零八落，森林面临消亡的威胁，当地居民为保护生态，用枪射、猎狗追，均无明显效果。但几个月后，野兔数量却突然急剧减少，最后竟然在森林中消失了。

植物学家发现，凡是被野兔咬过的树，它们新长出的枝条和树叶中，都会产生一种以前没有的化学物质——萜烯。这是一种比水轻的液体，带有香味，不溶于水，我们平时常见的薄荷脑、樟脑中就有此类物质。正是萜烯，促使馋嘴的野兔集体拉肚子，仿佛得了传染性痢疾似的，一拉就拉个不停，许多野兔由此一命呜呼，剩余的则逃离森林。

欧洲阿尔卑斯山的落叶松，也是智商了得！它如果发现初生的嫩芽被羊群啃噬后，会很快长出一簇簇刺针来。这些刺针会让馋羊无法下嘴，从

而退避三舍。被羊群啃食之后新长出的嫩苗，在刺针的保护下，一直长到羊吃不到的高度，才又抽出枝条来。

以上例子中，虽然植物最终获取了胜利，但都是以牺牲自我为前提，代价未免有些大。那么，再看看另外一些植物群体中，“团队精神”被它们如何发挥到极致。看罢，相信你一定会想起一个成语：同仇敌忾。

一旦金合欢感觉到长颈鹿在啃噬自己的叶片时，立马向叶子里分泌一种毒素，当毒素传递到叶片时，正在用餐的长颈鹿会产生强烈的恶心感，于是不得不停下来。一般来说，从金合欢开始警觉到毒素遍布叶片，大概需要 10 分钟。所谓的道高一尺魔高一丈吧，历经了恶心折磨的长颈鹿也变聪明了，它们在一棵金合欢树上吃叶子的时间，不会超过 10 分钟。一旦尝出毒素的苦味，就会寻找下一棵树。金合欢也在不断调整战略。不甘示弱的它在释放毒素时，会同时释放一种类似于报警的气味，向周围的同伴们发出“敌人来了”的信号，大家团结起来，一起对抗入侵者。借着风势，方圆 50 米以内的金合欢都会接收到警报，它们会立刻释放出毒素。

有的树木还会用其他方式传递信息，如同抗日战争时期游击队对付鬼子的扫荡那样。赤杨就具备这种本领。它受到枯叶蛾攻击时，树叶会迅速分泌出更多的单宁和树脂，而营养成分却减少了。这些虫子吃不到好东西，就飞向另一棵赤杨，谁知赤杨的兄弟姐妹们早已接到警报，全都做好了“坚壁清野”的准备——营养成分全部转移，并且还紧急调动了大批的化学“武器”等着入侵者呢。

所以，真的认为植物都是孤零零的个体，彼此间互不相干、老死不相往来，那就大错而特错了。

柳树、榆树等30多种阔叶树在遭受到网虫、天幕毛虫等害虫的侵袭时，也会向邻近尚未受到侵犯的同伴们“通风报信”。一传十，十传百，一棵树发出的信息，可使方圆60米内的树木都在叶子中大量分泌一种使树叶变涩的鞣酸，以令害虫大倒胃口的方法来捍卫自己。

有些植物受到动物啃食，也会产生某种化学物质，它们虽然不能以直接产生的化学物质阻止前来啃食的草食动物，但可以通过这种化学物质告诉它们的“动物朋友”，让身边的“动物朋友”去追杀它们共同的敌人。

卷心菜就有这智商。卷心菜一旦感觉到有菜青虫在啃噬叶片时，会散发出一系列的化学呼救信号。这信号会吆喝来两种寄生蜂——甘蓝夜蛾赤眼蜂和粉蝶盘绒茧蜂。应邀而来的寄生蜂，“刀枪剑戟”并用，一起对付寄宿在卷心菜上的菜青虫。卷心菜交给杀手蜂的报酬，正是那些已经孵化出来，正准备大快朵颐的绿色蠕动者。寄生蜂会将自己的卵，产在这些虫体里，菜青虫的身体，从此又成为寄生蜂后代的粮仓。

美国加利福尼亚大学的珍妮弗·塞勒，在英国《自然》杂志上介绍自己的发现时说：某些植物在受害虫攻击时，会启动一种自身保护机制，能使害虫更容易被其天敌消灭。

她发现，甜菜夜蛾噬咬西红柿植株时，西红柿首先会产生茉莉酮酸，将“这里有毒虫”的信息“通知”寄生蜂。寄生蜂在嗅到这些气味后，会立即赶来杀灭甜菜夜蛾。

大家常见的玉米同样拥有“调兵遣

将”的本领。当它发现毛虫在啃食自己的叶片时，会发出一种类似鸡尾酒的气味，以吸引毛虫的天敌——一种寄生蜂前来在毛虫身上产卵，寄生蜂卵孵化后吸食毛虫的养分而致其死亡。

看来，貌似沉默的植物并不是逆来顺受的弱者，它们可以与害虫抗争，甚至可以操纵昆虫。有趣的是，有些动物在人类之前就已经了解了植物是如何自卫的。墨西哥瓢虫大概是最早的“觉悟者”，并且发明了一套对付植物的小伎俩。

墨西哥瓢虫在吃西葫芦叶子前，先小心翼翼地在叶片上咬出一个点状圈，只留下狭小的几个附着点，以保证自己不会掉下去。点状圈有点像未撕开的邮票。于是它待在圈子中央，悠闲自在地吃起来。这样，信息就很难通过千疮百孔的叶子进行传递，被分割的叶子需要较长的时间才能变得有毒。第二天，瓢虫重新开始玩弄它的伎俩，不过，是在另一片叶子上，而且距离第一片叶子有 6 米多远。

这或许是植物巧斗动物事例中植物最无可奈何的一例。不过，自然界中像墨西哥瓢虫这样聪明的“觉悟者”，毕竟只占极少数。

自然界还有一些植物，根本不需要外界刺激，天生便具备对付动物的“秘密武器”。洋金花挥发出的兴奋物质，会直接刺激动物的大脑神经中枢，使动物在几米之外即远远躲开；龙舌兰属植物含有植物类固醇，可使动物的红细胞破裂；马利筋和夹竹桃都含有强心苷，可使咬食它们的昆虫因肌肉松弛而丧命；漆树中含有漆酚，可使人中毒；一枚槲寄生的浆果，可以毒死一头大黄牛……

以上这些手段，不过是植物用以防御敌人侵害方法的一小部分罢了。那些更多的、令人叹为观止的巧妙方法，还有待科学家以及植物爱好者去观察、去发现。

植物巧斗动物的种种迹象表明，在农业或林业生产中，利用植物自身产生的化学物质来消灭害虫或启动植物自身的保护机制，可望成为利于环保的害虫生态防治的新发展方向。

植物的复仇行为

美丽的玫瑰利用尖尖的枝刺警告攀折者得以保护自己，利刺刺中侵犯者的肌肤，其实就是玫瑰花一种简单的报复行为。植物界中还有许许多多报复行为鲜为人知，相信你看罢本文会有这样的感觉：植物的复仇，真是有趣而又刺激啊。

植物，天生是食草动物的盘中餐吗？否！

有一种名为食羊树的植物，大概是见多了兄弟姐妹被活生生吃掉的情景，干脆进化出诱捕食草动物的利器。它盛开的花朵拥有剃刀状的花刺，这花刺就是它的凶器。一旦有食草动物譬如羊前来啃食，食羊树会利用这极其锋利的尖刺捕获动物。这利器会牢牢抓住食草动物的皮毛乃至肉体，使其无法脱身从而被活活饿死，之后食羊树会吸食它们尸体以获得养分。“食羊树”这一称呼，正是这么来的。

食羊树的老家在智利，是凤梨属多年生常绿植物。学名为智利普亚菠萝，能够长到3.66米高、1.52米宽。据说，当地农夫一旦发现这种植物后就用火焚烧，避免自家喂养的家畜被诱捕。

一种名叫“布尔塞拉”的树，会借助于“射击”来保卫自己，这种树生长在中美洲。如果你是个喜好攀折花木的人，不经意间从它的树枝上摘下一朵花或一片叶子，那么就有好瞧的了。枝叶的断口处，即刻会喷射出一种令人讨厌的黏性液体，滋得你一身都是。这种喷射可以持续3 ~ 4秒，射击距离达15厘米。经过化验得知，这种黏性液体是此树在长期进化中合成的一种名叫萜烯的化合物，它遍布于枝、叶的树脂道中，形成一个高压管道网。这种树利用高压喷射“武器”，随时准备对付侵略者，捍卫自己。

“布尔塞拉”对付虫子也有一套。当它的叶子部分受损时，会产生一种快速浸没反应，即它会让身体里的萜烯类物质快速流遍受损叶片，在几秒钟内覆盖叶面至少一半的面积，迫使虫子窒息或快速逃离。

去印尼布敦岛西部森林区游玩的游客，如果恰逢“弹树”花开的早春季节，那么，一准会看到有关“弹树”的奇迹。每到这个季节，当地姑娘们纷纷头顶漂亮的竹篮，去森林里捡拾被打死或被打伤的各种飞鸟。这些鸟，的确遇到了一场浩劫——被打得头破血流、肢残翼断，而造成鸟严重伤亡的杀手，不是人，而是“弹树”。

原来，在“弹树”枝干交叉的枝苞上，会生出一种钩形的枝

权，这种枝杈有很强的弹性，钩尖倒勾在枝干交叉的另一枝苞上。在刚长出时，钩尖依附着枝头的力量向外扩展，但是由于钩尖被花苞上的整枝所牵拉，无法脱身，故而形成了一种拉力，而且随花苞逐渐长大，拉力日益增强，致使枝杈形成“弓上弦，弦满月”的紧张状态。每到四月里，树上的花苞开始吐蕊放香时，钩尖也处于一触即发的状态。

林中的花香会引诱来许多飞鸟，只要飞鸟稍稍碰上花朵，绷紧的钩尖即急剧而猛烈地弹开。贪嘴的小鸟还没弄清怎么回事，便一命呜呼了。由于“弹树”花开有前有后，因此这种“树枝杀鸟”的表演会持续一个多月，成为当地旅游业的一大景观。

树木还可以“生出”其他妙法来报复贪食者。在斯里兰卡有一种有趣的树，四季常绿，树高约 10 米，树干粗壮，枝繁叶茂。深秋季节，树上挂满果实，果实有坚硬的木壳，上方有盖，成熟时盖子掉落，里面的种子又香又大，特别吸引贪吃的猴子。猴子把爪子伸进去后，抓满种子的拳头却无法从小盖口中缩回来。贪心的猴子不甘心丢弃到手的美食，一味地往外拽自己握着种子的爪子，结果被牢牢拴在树枝上。这时候，预先躲在附近的猎人，就可以毫不费力地将它们活活捉住。看来，贪婪不只是人类的天性啊。

还有一些植物的报复行为虽不那么直观和轰轰烈烈，但也足以让那些敢于冒犯自己的入侵者刻骨铭心，甚至命丧黄泉。

臭虫爬上蚕豆叶面时，会被叶面上锋利的钩状毛缠住，无法前进，也无法撤退，直至饥饿而死；棉花植株的软毛能对抗叶蝉的侵犯；大豆的针毛可防御蚕虫、甲虫和大豆叶蝉的进攻；多毛品种小麦比少毛品种小麦，更不易让叶甲虫的成虫产卵和幼虫食用……

紫杉和某些蕨类植物的叶子里含有蜕皮激素或类似于蜕皮激素的物质，昆虫在取食了含这些物质的叶子后，不是早日蜕皮就是永远保幼——变不了成虫，无法繁殖后代。

马来西亚的董恩博士研究发现，有一种叫西波洛斯的植物，能够产生一种使昆虫蜕皮的荷尔蒙。这种植物制造出的高浓度的荷尔蒙，不仅使侵害它的蝗虫能够蜕皮，而且还造成蝗虫翅膀扭曲或者卵无法完全发育。

藿香蓟报复侵害者的招数更绝，它体内含有一种化学物质，介壳虫和蚜虫一旦吞食了它们，藿香蓟体内的化学物质就会使这些昆虫发生变态，无法产卵，当然，也就无法繁衍后代了。

研究还发现，植物中的有些细胞如同人类的肌肉一样，含有肌肉蛋白和肌凝蛋白，别小瞧它们细小的形体，其结实程度足以撑起叶片120 ~ 160倍的重量。

如果植物的某一部分有病毒或真菌入侵，整个植株就会感受到，植物的防御系统亦会在此时发挥作用。譬如，植物细胞中的液泡可以储存一些有毒的物质，外界刺激的出现，会使这些毒物破液泡而出，令入侵者中毒。

看罢以上种种行为，你会不会想，原来沉默的东西不一定是弱者。蔑视弱小生命或贸然侵犯，终将得到应有的惩罚。

植物的报复有趣而又刺激，说白了，它实际是植物的一种自我保护行为，是植物在长期的进化过程中形成的特殊本领。

植物会说话

人们常说鸟语花香，而不是花言鸟语，其实，不但鸟能语，花也能言。“只恐夜深花睡去，故烧高烛照红妆。”古人早已知晓花人性化的一面，当然，其中也不乏借物寓情。

在《植物巧斗动物》一文中，我们已经知道，植物被噬咬后，用体内产生的化学物质来对抗前来侵略的食草动物和害虫。一般说来，植物因外界刺激而产生抗体有两种情况，一种是直接被啃咬后产生抗体(一种化学物质)，另一种则是接受某种化学信息(非直接啃咬)后产生抗体。如果是后者，那么这种化学信息是不是一种植物语言？科学家通过以下实验肯定了植物语言的存在。

美国新泽西州拉克格斯大学的科研人员在两个容器内分别种植了同样的烟草，容器是密封的，但是两个容器之间有空气通道相连接。然后，科研人员让其中一个容器内的植物感染上病毒，结果发现另外一个容器内的植物获得了对这种病毒的抵抗力。可见烟草之间的交流是以某种方式通过空气传播的。

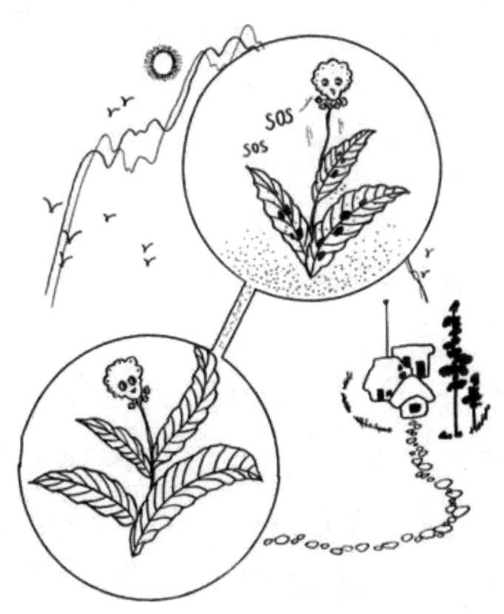

科学家又进一步发现，植物间的交流方式不仅仅局限于“动嘴”——释放化学信号这一种，还有其他多种形式。有些植物是通过高频声音“说话”的，只是由于频率太高，人耳听不见罢了；另有一些植物则通过极其微弱的光来传递信息(简单信息)，这种光微弱到人的肉眼难以觉察，但是借助仪器却可以检测出来。

美国纽约的植物学家布克斯特博士是一位熟知“植物语言”的学者。他对植物的感知进行了多次试验，他发现，当凶杀案发生在某些植物附近时，植物会产生一种反应，记录下凶杀案的全部过程，成为一个不为人注意的现场“目击者”。

他给仙人掌装上特殊装置，然后组织几个人在仙人掌附近“搏斗”，结果，特殊装置的显示器上，显示随搏斗声音的大小及光影的改变而形成的电波曲线图。布克斯特还发现，植物这种特殊的语言，都有一定的规则和内容，并且以一定的符号反映到记录纸上，这些符号，就是通过电波曲线来判读的植物语言。仙人掌用自己独特的语言方式，让人们了解了搏斗的全部过程。

德国生物学家赫伯特·威洪教授不久前宣称自己已经“破译”了包括洋槐、梧桐在内的十余种树木的“语言”。他将两个微弱电极接到植物叶片上，然后用一种精密的仪器将电信号转换成声音信号，再经过增幅放大后，便可听到植物发出的声音。

他指出，不同树种的“语言风格”也不尽相同，如橡树、山毛榉、杉树等“谈话”诙谐风趣，马尾松相比之下言语显得较为朴实。在所有植物中，以番茄发出的声音最为优美动听。另外，外界条件也影响植物“说话”的腔调。譬如，阳光灿烂或雨露滋润时，植物的声音清脆嘹亮，而刮大风或是干旱的日子，植物们便会发出低沉的呜咽。更有趣的是，当身处黑暗环境中的植物突然感受到光照时，会发出惊喜的叫声。即使平时声音难听的植物，在适当地浇水后，发出的声音也会变得悦耳起来，似乎用声音传递欣喜和感激。

尽管植物表达语言的能力有限，但这并不妨碍它们准确表达自己对生命的感受，如饥渴 、虫害等，因为这种感觉是由体内相应的基因来控制的。

研究表明，植物在遇到缺水、少肥或是害虫侵犯等外界胁迫时，机体会产生相应的化学信息。若找出分别控制各种化学信息的基因，并利用从太平洋海蜇体内提取的一种基因材料对这些控制基因进行改造，就可以让植物在紫外线照射下，根据不同的需要发出不同颜色的无害荧光了。

英国的科学家在此基础上发明了一种智能花卉。它会在紫外灯的照射下发出不同颜色的荧光，来表达自己的不同需要：缺水时，鲜艳的花叶会变成蓝色，向你“喊渴”；营养不良时，健康的花叶会以黄色向你“要肥”；害虫叮咬时，花叶则变得火红向你“报警”。一目了然的“表情”，让养花者能够准确知道何时浇水，何时施肥，何时该喷杀虫剂了。

科学家乐观地预计，用不了多少年，植物语言将被悉数破译。到那时，人类将成为植物的知己，由此，森林将得到更好的保护，农作物也将获得更好的收成。

会发声的植物

动物发声，是很稀松平常的事，植物能发声，就有些新鲜了。不过，自然界还真有会发声的植物，本文所说的植物发出的声音，不是借助于仪器才能听到的植物语言，而是真真正正人耳能够听见的声音。

在卢旺达首都基加利的芝密达哈植物园中，有一种奇特的树，它能像

人一样发出“哈哈哈”的笑声，当地人称其为笑树。

不知底细的人，往往会被这突如其来的笑声所迷惑和震惊，怎么只听笑声不见人影呢？其实，这是笑树在迎风而歌。

笑树是一种小乔木，高 7 ~ 8 米，树干深褐色，叶子呈椭圆形，每根丫杈间，都长着一个小铃铛般的皮果。皮果既薄又脆，外壳上面有许多小孔，里面是个空腔，生长着许许多多小滚珠似的种子。因为腔大籽小，因此种子在腔内能自由滚动。有风的日子，果树随风摇摆时，种子在空腔里便来回滚动，不断撞击既薄又脆的外壳，使其振动，振动就发出了像人一样的笑声，风越大，笑树的哈哈声就越大。卢旺达人常把笑树种在田边，用以驱赶鸟类，保护农作物。

更有趣的是巴西有一种名叫“莫尔纳尔蒂”的灌木，它白天能“笑”，夜晚会“哭”。植物学家经过研究发现，这一奇妙的现象与阳光的照射有密切关系。

树能“笑”会“哭”，荷花还会“吹笛子”呢！植物王国里的新鲜事可真不少。骄阳下，非洲扎伊尔慈马湖的水面上，常常传出一阵阵清脆柔和的笛声，此起彼伏，仿佛有乐队正在演奏着一场别开生面的水面交响曲。仔细聆听，才发现乐声是从湖里生长着的大片荷花丛中传出来的。

当然，这种荷花可不是我们平日里常见的荷花，它们的花盘特别大。更为奇特的是，在花的基部生长着四个气孔，气孔里面的壁上又覆盖着一层润湿的花膜。这层花膜在正午阳光的炙烤下，用不了多久就会变成脱水的干膜，宛如贴在笛孔上的芦衣。当微风从湖面上拂过之时，气流进入花基部

的气孔，冲动了干花膜，恰如人用嘴去吹奏笛子，如此笛声便传了出来，并且音质清脆嘹亮。

有趣的是，花盘上的气孔大小不一，风力也强弱不同，因此荷花发出的音调自然高低起伏，抑扬顿挫了。当千万名荷花“乐手”一起“放声歌唱”时，一支美妙的“笛子协奏曲”就开场了。其场面，自然不亚于著名的大型乐队演奏。当地人称这种荷花为水笛荷。

等到夕阳西下，湖面上的水汽逐渐增大，花膜又恢复湿润，此刻，水笛荷也该休息入睡了，荷塘逐渐安静下来。

在我国山东的一座庙宇内，有一棵已有400多年历史的柏树，该树的不同寻常之处在于，每当天空轮满月时，树上便洒落一种类似于牛奶的白色液体，与此同时，柏树还会发出如同老人般的咳嗽声和呼噜声。这些“特异功能”一度曾引来无数香客，每晚在古树前摆上祭品祈求平安和幸福。

后来，植物学家对此现象做出了这样的解释：一棵树在不合适的地方出现气泡时，便会阻塞原本通畅的渠道，譬如，堵塞了输送水分、养分以及体内代谢所用化学物质的相关管道。这种现象不仅在医院的盛血桶中可以观察到，而且在阔叶树的木质器官中也能看到，这些木质器官在树上充当水管。一些树，尤其是一些老树，可以凭借自身的能力很快排除这类空气栓塞——对阻塞的管道施加压力。这个时候，就会出现树木“咳嗽”和“打呼噜”的现象。

随着科学技术的进步，一旦完全揭开植物发声之谜，人类认识和驾驭大自然的能力将有一次空前的飞跃。

植物也有血型

植物是有“血液”的。当你举起一把砍刀，砍断鸡血藤的茎蔓时，沿

藤条就会流出红色的“血”；把无花果、蒲公英的叶子扯断，就会流出白色的“血”；一旦龙血树状如胶饴的红色“血液”从树干中流出，慢慢地就会凝成“血结”，即所谓的血竭，这便是有名的跌打药。不过，我们常见的大部分植物的“血液”，都是无色透明的。即便是这样，植物也拥有血型。

“植物有血型，而且与人的血型类同。”这是日本从事警察科学研究的植物学家山本茂多年悉心研究得出的结论。

几年前，山本茂在协助警方侦破一起凶杀案时，意外地发现一件不可思议的事：在案发现场，一只并没有沾血的枕头上，竟然带有微弱的AB型血反应。从不放过一个疑点的他试着对枕头内的荞麦进行了血型鉴定，难以置信的是，荞麦皮竟然显示出AB型血的特征。

植物也有血型，这是一个多么神秘而陌生的研究领域呀！

从那时起，山本茂一直潜心于植物血型的研究工作。几年来，他对50多种蔬菜、水果等植物和500多种植物种子的血型进行了测定，发现19种植物和60种植物种子有血型反应。在这79种植物和植物种子显示的血型中，半数为O型，其余则为A型、B型和AB型。

山本茂的研究成果，轰动了国际科学界，并吸引了无数学者投入到植物血型的研究中。如今，科学家通过对6000多种植物进行ABO血型鉴定，已经弄清了一些植物固有的血型。在植物的各类血型中，O 型是基本的血型，其余血型是从 O 型发展而来的。如山茶、芜菁、辛夷、草莓、南天竹、海带、苹果、辣椒、南瓜等 60 多种植物为 O 型血型；桃叶珊瑚等植物为 A 型血型；葡萄、李子、咖啡、扶芳藤、大黄等 20 多种植物为 B 型血型；枫树、荞麦、地棉槭等植物为 AB 型血型。

科学家还发现，血型与植物叶片的颜色有着内在联系，如 O 型槭树科的树木秋天叶片变红，而 AB 型槭树科树木的叶片秋天则变黄。

植物为什么会有血型物质呢？人的血液之所以是红色，是因为人体血液中含有红色细胞，而红色细胞表面存在的一种抗原物质“血型糖”，才是决定人类血液类型的关键。不同的血型糖决定了不同的血型。

植物的“血液”虽然不是红色（无色不透明的黏性液体），但却有与人体血型物质类似的血型糖，当植物的糖链合成达到一定的强度时，它的尖端就会形成血型物质。植物也有体液循环，担负着运输养料、排出废物的任务；液体细胞膜表面也有不同分子结构的型别；植物与人类都是由很相似的元素组成，而且都是通过 ATP 的形式来利用能量；植物和人类蛋白质组成的原理上也完全相同。例如所含有的氨基酸一样，彼此能够通用，核酸也分 DNA 和 RNA，连碱基的组成也一样，在传递信息和应用密码时使用同一套方式……因此，植物与人的血型类同，就不足为怪了。

科学家相信，植物的“血液”一定会成为人类社会的天然血库。植物血型研究的最终目标，就是要让植物为人类提供血源。

早在 20 世纪 60 年代，我国年轻的血液专家叶学勇，从李时珍的《本草纲目》中看到这样一句话——一些食用的植物能改变人的血色，小孩多吃蚕豆脸儿发黄。他从中得到启示，他想，植物一定与人的血液存在着某种联系。于是，自 1964 年开始，叶学勇从植物中寻找类似人类的血型物质。“功夫不负有心人”，他发现白扁豆中有类似人血型的物质抗 A 凝集素，卫矛中有抗 B 凝集素，它们能用来鉴别人的血型。后来，他又在许多植物种子内也发现了类似于人血型的物质。将人体的代谢产物作为诱导物，诱导植物血型向人血型靠拢，从而开创了我国在植物血型研究方面的先河。

令人可喜的是，不久前，法国科学家克洛德和波亚德发现，在玉米、油菜和烟草等植物体中，含有类似人体血红蛋白的基因，这就表明植物也有造血功能。如果将铁原子加入其中，植物同样可以制造出人体需要的血红蛋白。这样，植物的血液，不但呈现红色，而且具备输氧功能。如果这项实验取得成功，将会出现一个惊人的奇迹——利用植物来制造人体的血液。

届时，人体所需要补充的血液，不必再通过人们无偿献血的途径来解决，而靠植物造血就可以了。需要不同的血型输血，就用不同的植物来造。这样一来，自然界茂盛的植物就会成为浩瀚的天然血库，为人类提供取之不尽的血源。

由于植物易种植，好管理，生长快，产量高，所以，不仅可以造出大量的血液，而且成本低廉。另外，植物给人供血还有一个无与伦比的优点，那就是，人们再也不会担心血型代用而出现的免疫系统的排异性，更不必担忧会因此感染艾滋病、肝炎等传染性疾病。

植物血型的发现，也为今后植物分类和杂交繁殖开辟了新天地。

植物的喜怒哀乐

形形色色的植物在科学家的深入研究下，越来越多人性化的东西被发掘出来，譬如情绪，这种高等动物对于周围环境的情感表露，植物同样具备。

四周风平浪静，既没有害虫的叮咬，也没有人为的破坏，暖暖的阳光或人造光柔和地洒下来时，植物们也会趁机“打个盹”，继而慢慢地进入“梦乡”。

它们睡觉的样子千姿百态——苜蓿草、合欢在睡觉时，叶子会紧紧地合抱在一起，仿佛在合掌祈祷；许多花朵睡眠的样子就如同收拢的雨伞。

当“口渴”的植物享受到从天而降的甘霖，或是长期置身于黑暗，突然见到光亮时，植物会一下子“欢呼雀跃”，发出惊喜的叫声。

前不久，美国科学家布克斯特研究发现，植物也有出人意料的恐惧感和同情心。

布克斯特博士进行过这样的试验：他把电线的一端连接到黄檗的叶子上，然后通过仪器输入一种恐怖的电波，仅仅几分钟，黄檗的叶子就表现出强烈的反应。他还把几只活海虾丢入沸腾的开水中让黄檗“看”，此时，黄檗同样陷入极度的刺激当中。试验多次，每次都得到同样的反应。

布克斯特将这些反应绘制成一份份植物“恐怖情绪曲线起伏图”。这些图案显示，植物在“鬼怪”和恐怖事件面前被吓得“目瞪口呆”，“说”不出话来。还有一些“胆小”的植物，没等试验结束，叶片就发黄枯萎，当场被活活“吓死”。

布克斯特认为，当人处于恐惧状态时，会出现汗液分泌的变化。植物电子检波器的记录表明，植物在受到惊吓时，“汗液”的分泌变化较人类快，且更为剧烈。由于植物只能靠根部吸取水分，不能像人一样大量饮水补充，因此，植物很容易因过量失水而枯死——被惊吓而死。

有些植物听到悲哀的声音或对它讲述悲哀的事情时，也会表现出悲伤。

苏联心理学家维克多·普什金利用电脑仪器对植物的叶片进行测验，当这些被测植物听到悲哀的声音或悲哀的事情时，竟然黯然神伤，会沮丧地垂下叶子，表现出悲悲戚戚的样子。

日本早稻田大学的生物学教授三和广行等科学家曾经做过如下试验：将两片电极插入植物的叶片内，并连通到电流表上，用以测量叶片所释放的生物电能，然后再将所测得的电能放大，驱动喇叭用扩音器播放出来，就能听到植物发出的声音。

他们将一根香烟点燃后，一次次靠近植物的叶子，便听到了植物大小不等的“哀鸣”声。后来，他们重复多次点燃香烟靠近植物，但都没有真正去烧植物，结果十分有趣，植物仿佛有所感觉，知道这仅仅是虚假的威胁，对自己不会有伤害，“哀鸣”声竟渐渐平息了。

但如果真的将植物的枝叶扯断，或者让昆虫去咬它们的叶子，植物会因疼痛而“呜咽哭泣”。

若事先对植物进行麻醉处理，再对植物进行这样的伤害时，仪器上显示的则是平静的图像，这表明植物拥有痛感。

加拿大的作物管理专家比特曼曾研究发现，当西红柿生长缺水时，它们会发出“呼喊”声，但如果“呼喊”后仍然喝不到水，“呼喊”声就变成了“呜咽”声。他解释说，这种声音是那些从根部向叶子传输水分的导管在萎缩时发出的。当它们缺水时，这些导管内的压力明显上升，相当于轮胎压力的 25 倍，结果造成这些导管破裂而发出“哭泣”。

植物因干渴而发出的“叫喊”人无法听见，而昆虫却能够听见这种超声波。害虫会把听到的声音当成进攻的信号，因为它们知道，因缺水而叫喊的植物更容易被侵犯。

许多树如苹果树、橡胶树、松树、柏树等都会发出这种超声波，据测试，大多数干枯的树木会以50 ~ 500千赫的频率发出它们受困的信号。树木“叫喊”的声音很微弱，传不远，即使是害虫，也只有爬上树身之后才能听到树木的“叫喊”声。所以，科学家利用害虫的这种本领来诱杀它们，设计模拟植物“叫喊”的“陷阱”，让害虫有来无回。

对于植物为什么会像人一样“哭泣”这个问题，美国化学家从化学角度做出了解释。他们认为，当植物生存受到威胁或直接受到伤害时，体内的亚麻酸(相当于人体内的花生四烯酸)会发生变化，转化为茉莉酮酸(相当于人体内的前列腺素)，帮助植物抵御外界的侵袭或减低伤害，茉莉酮酸的产生既是植物“哭泣”的物质原因，也是抑制“疼痛”和医治创伤的良药。

植物拥有喜、怒、哀、乐这一连串新的发现，让科学家们兴奋不已，继而越来越着迷。假如植物确实有丰富的情感，那么，它们应该和人类一样，在成长过程中会受到情感的影响。

大家都知道，精神生活与人的健康密切相关，对于一些病人，精神的安慰和诙谐的笑语，往往能起到比药物更为有效的作用。科学家由此而得到启发，想试验精神生活对于植物的生长究竟有多少影响，目前，该研究正在进行中。

关于植物喜怒哀乐的研究，着实有着极其重要的科学意义。这些研究不仅能获得植物对外界环境的适应能力，还告诉人类要尊重所有生命——即便是一株植物，也有自己的生存权利、知觉和情感。掠夺植物资源，不尊重植物，或许有一天，植物就会以自己的方式来报复。

植物的记忆天赋

书看到这里，你是否发现，人类的绿色朋友，竟和我们人类非常相似——它们有智慧，有血型，可以彼此交流，会表达喜怒哀乐，因此，说它们是人性化植物一点儿也不为过。

那么，它们有没有记忆能力呢？答案，也是肯定的。

美国耶鲁大学做了一项耐人寻味的测试，研究者将两株观叶植物万年青，并排放在一间房子里，并且将其中一株与测试仪器相连接。实验者指使一名学生进去捣毁那株没有连接仪器的万年青，这时，位于“死者”旁边、安装测试仪的那株万年青因为恐惧，在仪器上显示的曲线，起伏异常剧烈。

这个现象，在实验者的意料之中。

不可思议的是，4个小时后，实验者让这名学生混迹于一支6人队伍中，依次从受测试的这株万年青旁边走过，尽管6个人都戴有面具，可是当这名“杀手”经过时，这株万年青在仪器记录纸上显示出强烈的指示信号。

可见，这株万年青已经明显地记住了“凶手”的某种特征。

法国克兰蒙大学一位叫玛丽·狄西比的科学家，用金盏菊做了一系列实验，以验证植物记忆力的存在。金盏菊是一种开黄色花朵的菊科草本植物，高30～60厘米，整个植株密被绒毛，叶子是椭圆形，大小相等，在茎干上的着生方式为互生。

玛丽用两盆同样的金盏菊作对比。当金盏菊长到两片叶子时，玛丽在一盆金盏菊的左侧叶子上刺了4个小孔。5分钟后，她把两盆花的顶芽和叶子都剪掉。一段时间后，两盆金盏菊都重新长出了叶子，被针刺过的那盆金盏菊，左右叶子不一般大，左侧叶子比右侧叶子明显小很多，生长速度也完全比不上没有受到任何损害的一边，并且叶子的颜色也大不一样。金盏菊明显记住了它遭受到的伤害。而没经针刺的那盆金盏菊，长出的叶子仍然是对称的。

由此，玛丽认为，金盏菊是有记忆力的。

后来，玛丽·狄西比又进行了一次实验，这次她选用了一棵金盏菊，先后进行了两次针刺实验。第一次是在左侧叶子上针刺，第二次是在两侧的叶子上针刺。由于第一次针刺与第二次针刺之间的时间间隔长短不一样，结果就出现了差别。若两次针刺的时间间隔很短，那么，这棵金盏菊就只能记住后面的针刺，也就是说，它长出的叶子还是对称的；但如果这两次针刺的时间间隔很长，那么它只会记住第一次的针刺，而把第二次针刺忘记。即它长出了左右不对称的叶子。

于是，这位科学家认为：植物的记忆力分为两种，长期记忆和短期记忆，某些条件下，植物的长期记忆要比短期记忆牢固一些。

一位俄罗斯科学家的类似实验，更加印证了植物的长期记忆。他把测试仪器连接在一棵大树上，然后让一位农夫把这棵大树旁边的另一棵大树砍倒，仪器上立即出现了剧烈的曲线变化。

当手持利斧的砍伐者走到另外一棵树前，做出砍伐状，此时仪器上的曲线波动更加剧烈，并且出现强烈的颤抖，仿佛自己要临刑一般。当它“感觉”凶手真正离开后，曲线才逐渐归于平静。

之后，仪器上虽然表现得比较平静，但植物体自身的生长却受到了一定的抑制，这就如同一个受到惊吓的人，在惊吓之后是需要一个恢复期的。

值得关注的现象是，半个月后，当那个砍伐者再次从这几棵大树旁走过时，测试仪器上的曲线重又活跃起来，并显示出大树之间在相互传递这个可怕的消息。

科学研究发现，记忆的化学本质是蛋白质，人的记忆物质是存在于大脑中一种叫作脑肽的微小蛋白。人类智商的差异，主要取决于组成这种脑肽的氨基酸的种类、数量、序列和空间结构的不同。

法国的另一项研究成果，也证明了植物记忆力的原理。这是因为植物同样有细胞组织，在细胞组织中，同样有类似于脑肽的微小蛋白，并且存在着钾离子和锂离子的运动，因此，可以肯定植物同样具备记忆天赋。

了解了植物的记忆能力，那些有意无意损坏植物的人可要当心了哈——你已经被永远载入绿色植物的“黑名单”，成为它们最不愿见到的人。或许哪一天，它们的不满会蓄积成严厉的报复，到那时，后悔就晚了哦。

对珍爱绿色的人，它们同样也会记住你关爱它们的一举一动，并且不时回报你最美丽的鲜花和果实。

植物有无神经系统

植物真的对于触碰、痛痒毫无知觉吗？它们到底有无神经系统？如果有神经系统，那么它们会被麻醉剂麻醉吗？其实，科学家比我们更早关注了这些问题，并早已投入研究。

最早涉足此项研究的是著名的进化论者达尔文，他研究食肉植物时，发现捕蝇草的两个叶片上分别长有三根特殊的感觉触发毛，只有当其中一根或几根被触动时，叶片才猛然关闭。于是他提出一个大胆的假设：捕蝇草具备神经系统。外界信号由触发毛感知后，沿神经系统传递给小草的运动细胞，导致其很快关闭。这种传递速度特别快，快得犹如动物神经中的电脉冲。

为了给此假说提供证据，伦敦大学的著名生理学教授桑德逊在皇家植物园中，对捕蝇草的电特性进行了仔细的观察研究，并且在这种植物的叶片上记录到电脉冲。与此同时，加拿大卡尔顿大学的学者雅可布森，也在触发毛内检测出一些非常不规则的电信号。紧接着，沙特阿拉伯凯尼格·富塞尔大学农业系生物学教授塞尔经过6个月的研究后指出，植物有一个化学神经系统，当遇到外来伤害时，会表现出防御反应。

塞尔认为，植物有类似动物的感觉，两者唯一的区别是：动物能表达这种感受。植物的感觉则是由化学反应产生的，这种化学反应，从某种意义上讲，与人的神经系统很相似。

一石激起千层浪，此观点一经提出，立即引起科学界的轩然大波。赞同者与反对者各执己见，争执不休。其中反对者中最具代表性的是德国植物学家冯·萨克斯，他认为植物体中电信号的速度通常只有每秒20毫米，而在高等动物的神经中，电信号速度为每秒

数千毫米，两者根本无法相提并论。况且，从植物解剖学的角度来看，植物体中根本不存在任何神经组织，所以，植物体中的电信号不能成为它拥有神经系统的证据。

但是，说植物没有神经系统，又有许多事实令人难以理解。

生长在澳大利亚的“扳机”植物“花柱草”，其雄蕊跟心皮相互融合成一个异乎寻常的“触发器”——合蕊柱，合蕊柱从花中心伸出来，又向下弯曲成一个U形长长的“手臂”，末端是沾满了花粉的“手掌”，形状的确像一个招呼人的手掌，挂在花朵的外边。这个触发器，能在0.01秒的时间内突然转动180°以上，“手臂”能够像扳机那样快速出击。花柱草将前来觅食的昆虫，设计为扳机的触动者，使得前来光顾的昆虫全身上下粘满花粉，成为花柱草授粉的使者。

还有，类似含羞草一类的敏感植物，遇到触觉刺激时运动极快，通常能在几秒或不到1秒的时间内做出反应，而不是1分钟或几小时。显然，它们具备某些只有神经组织才有的功能。

也有科学家提出，植物可以在一片叶子到另一片叶子之间，传递光强和光质信息，这种方式和我们的神经系统非常相似。这些“电化学信号”就是由充当植物的“神经”的细胞来传递的。

“我们将光打在植物的底部，而我们却能够在植物的顶端观察到反应。”这项研究是由波兰华沙生命科学大学的卡平斯基教授主持的。他说：“所有发生的变化，在去掉光源以后仍然继续……这让我们惊讶不已。”在早先的研究中，卡平斯基教授还发现这些化学信号能被传导到整个植物，以便植物对环境中的变化快速做出反应。

在这项研究中，卡平斯基和他的同事们发现：当光在一片叶子的细胞中激发一次化学反应后，会引起一系列的连锁反应。并且，会通过“维管束鞘细胞”被立即发送给植物的其他部位。科学家们从每一片叶子里的这些细胞中测量到了电信号。他们认为这就是植物的“神经系统”。

一些植物能够对麻醉剂表现出与动物相似的敏感性，这种结果似乎也支持植物是有神经组织的观点。因为，众所周知，麻醉剂是针对敏感的神经组织的。20 世纪 70 年代末，德国生理学家克劳德·伯纳德，在研究中获得了一个有意义的发现，那就是水生植物经过氯仿处理后，光合作用受到抑制，在水中不再冒出光合作用的产物——氧气气泡，而去掉氯仿后，光合作用重新启动，氧气气泡又汩汩地冒了出来。

科学家选用乙醚和氯仿等普通麻醉药，对含羞草也进行过麻醉实验。结果，十分敏感的含羞草“服用”了麻醉药以后，无论人怎样用手去触摸，原来“害羞”的叶片却像着魔似的无动于衷。过了一段时间，待麻醉药的效果消失后，它才重新恢复其“娇羞”的本性。所以，含羞草也会被麻醉，而且在麻醉剂的浓度、麻醉起作用和消退的时间方面，与动物的反应十分相似。

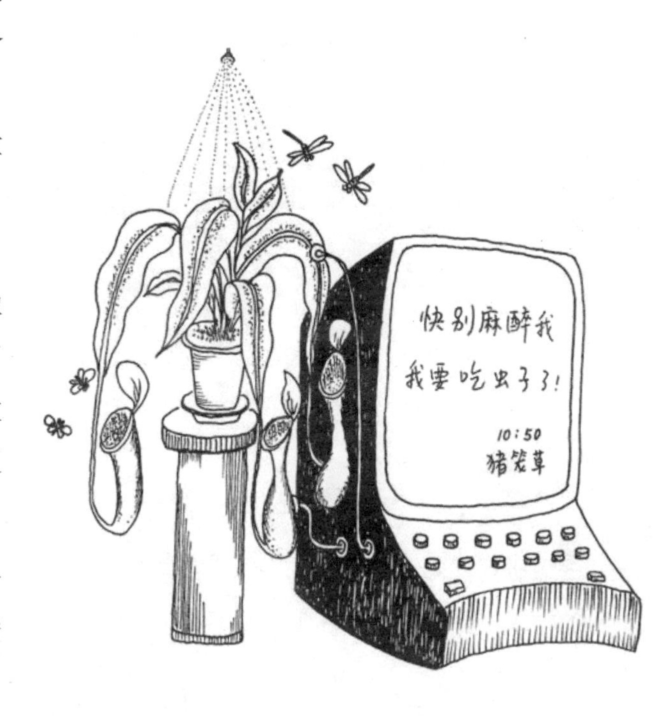

还有大家所熟悉的捕蝇草，它的叶子好像两片张开的绿色贝壳，只要小昆虫飞过来，碰到叶片表面的三根触发毛，叶子就马上关闭，将小昆虫当作盘中餐慢慢消化吸收。但是，一旦捕蝇草经过乙醚麻醉药的喷洒后，它虽然感知到美味的小虫子已经进入叶片里的“陷阱”，却无力合拢“大门”，只好眼睁睁地瞧着嘴边的猎物逃之夭夭。

现在，科学家也仅仅知道，植物的确能够被麻醉，而且麻醉过程与动物很相似。当植物被麻醉后，细胞膜结构被破坏，那么，能否说因此神经传递被阻断呢？到目前为止，还没有相关实验支持这种结论。

有科学家认为，无论是植物电信号还是麻醉剂，在植物体中，都可以经过表皮或其他普通细胞传导，虽然植物体中电信号本身与动物体中的电信号十分相似，能被麻醉并且麻醉过程也十分相似，但两者的传导组织却是全然不同的，而且属于植物体的传导组织是极为原始的。

可见，植物有无神经系统这个问题，目前在科学界尚无定论。因为在这一领域中还有许多现象难以解释，有待于人们进一步的研究和探讨。

木际关系撷趣

“人非草木，孰能无情。”这句话其实从一个侧面说明：在人的眼里，草木是没有感情的。

果真是这样吗？

菜农或许比较清楚，黄瓜和西红柿绝对不能混种，否则会两败俱伤、一无所获。而让洋葱与胡萝卜为邻，它俩却能友好相处、互惠互利，当年的收成定会让菜农眉开眼笑。

瞧！这些木头木脑、不会说话、没有表情的植物，其实是很有“心机”的，不仅爱憎分明，会表达喜怒哀乐，还能忍受痛苦和饥饿，并且友爱互助、

不图回报，只不过常人难以觉察罢了。

植物间的“木际关系”，绝不听从于人类的摆布，它们之间也不会傻到老死不相往来。

植物的选友择邻，其实是一门大学问。

专门研究植物间相生相克的新兴学科——生物化学群落学，便从更深层次上揭示了草木间的“恩怨情仇”，从而指导农业、花卉业和林业的生产。

大豆之所以喜欢和蓖麻相处，是因为蓖麻发出的气味，使危害大豆的金龟子望而却步；玉米和大豆也是一对“好搭档”，大豆根部的固氮菌能支援玉米生长所需要的营养——氮肥，玉米也知恩图报，向大豆回赠碳水化合物，你侬我侬；百合花与玫瑰非常有缘，放在一起比它们单放花色更艳、花期更久；旱金莲孤芳自赏时，花期为一天，若种在侧柏树旁，花期可以延长到三天；天香百合若有幸成为美人蕉或夜来香的邻居，那么各自发出的芳香精油，可互为对方驱逐虫害，你好，我好，大家都好。

植物界也有“活雷锋”，助人为乐，不期望回报。生长在南方的油茶是一种油料树，很容易患上烟煤病，影响其产油量。但如果请来“保健大夫”山苍子，让它伴生在油茶林中，烟煤病就无机可乘了。

洋葱和土豆为邻，能预防土豆的晚疫病；韭菜住在甘蓝旁边，可以帮助甘蓝防治根腐病。一串红、凤仙花等一年生草花，特别喜欢豌豆花、喇叭花等花卉作它们的邻居，因为后者发出的特殊气味，能刺激一年生草花的生长繁殖，使花儿更为娇艳……

以上植物间这些慷慨的援助，是完全不掺杂任何个体私欲的。

和人际关系一样，有些植物间的关系也不那么和睦，甚至于似乎存在着血海深仇——玫瑰花和黄花草木樨插在一只花瓶里，后者立即枯死。十分有趣的是，草木樨似乎死不瞑目，即便是死了也不想放过对方。它凋零后在水里释放的汁液，开始实施对玫瑰的报复——腐蚀残害它的仇家。

甘蓝和芹菜也是一对小冤家，它们的根部都能分泌某种化学物质，而这两种物质分别是杀伤对方的化学利器。两位冤家若恰好碰在一起，谁也不甘示弱，都想让对方降服，结果鏖战一场，弄得两败俱伤，双双枯萎凋零。

小小的紫英，会常常依仗自己叶子上丰富的硒，去杀伤周围的同类。下雨天是它“使坏”的绝佳时机，叶子上的硒被雨水冲刷、溶解，流入土中，会毫不留情地毒死与它共享一片蓝天的其他植物。

生长在美国加利福尼亚州南部草原上的野生鼠尾草，更是霸道。它的叶子能放出大量的挥发性化学物质，主要是桉树脑和樟脑。这些物质能透过角质层，进入植物的种子和幼苗，对周围一年生植物的发芽、生长产生毒害。鼠尾草的这种化学武器十分厉害，在每棵鼠尾草周围 2 米之内，竟寸草不生！

榆树和栎树间也别别扭扭，高大的栎树居然害怕比它低矮的榆树，甘愿把枝条避开对方，弯向另一侧生长；土豆身边有了南瓜，便会加重晚疫病；铃兰的“脾气”特别坏，几乎跟一切花卉都交不了朋友，甚至在花束中也不改其孤傲脾性；芥菜和卷心菜，水仙和铃兰要是为邻，它们都会同归于尽，因为它们都想以各自散发的化学气味“熏”倒对方，结果却双双遇难；苦苣菜是一种个头不大、其貌不扬的野生杂草，可别因此而小瞧它，在高粱和玉米的“眼”里，这种小不点植物，简直就是田野中的小霸王，因为苦苣菜的根部会分泌出一种毒素，并四下扩散，严重危害高粱、玉米以及其他作物的健康。

另外，葱与菜豆、葡萄与甘蓝、葡萄与小叶榆、高粱与芝麻、苹果树与核桃树等均是植物这个大家族里的冤家对头。

同声相应，同气相求。草木间的“爱”与“恨”，说白了，都源于自身产生的分泌物，这些化学物质或直接或通过微生物或通过昆虫间接地影响邻居。

利用植物相克功能原理，制成的天然除草剂，能够在田间自然分解，对环境和人畜均无害。

农学家也发现，种植高粱的地里，下一年的杂草特别少，与种植其他作物的耕地比较，要少 25% ~ 50%。奥妙在于高粱根系能分泌出两种化学物质——酚酸和生氰糖苷，现已探明，它俩只对杂草起抑制作用，对其他作物则影响不大。

菜粉蝶害怕莴苣的气味，若把青菜种在莴苣旁边，菜粉蝶就不敢前来产卵繁殖了。

了解了木际关系，聪明人在实践中就应该投其所好，让相亲相爱者相处，将冤家对头分开。

会“生儿育女”的植物

大千世界，动物生儿育女可谓司空见惯，有此功能的植物却是凤毛麟角。

绝大部分植物的繁殖方式基本上循着一条线路，那就是开花——结果——果熟蒂落——种子在适宜的条件下萌发，长成幼苗。

偏偏有一部分植物，学着动物的样子进行“胎生”——种子成熟后不肯脱离母体，并不停吸收母体的营养，就像婴儿吃妈妈的乳汁那样直到萌发成小植株，才离开母亲，独立生活。

植物的“胎生”现象，其实也不难见到。在热带和我国南方的海岸边生长的红树，便是一种典型的胎生植物。

红树生长的海滩，环境很不稳定，潮涨潮落对植物威胁极大，如果没有非凡的本领，休想成为海滩上的“长住居民”。

利用“胎生”繁衍后代，是红树适应海滩生活所练就的特殊本领。身居海滩的红树，若种子成熟后，马上脱落坠入海滩，随时会被无情的海浪卷走，得不到繁殖后代的机会，就有绝种的危险。因此，红树的种子成熟后，不经休眠，直接在树上的果实里发芽。

这点，类似于哺乳动物猫、狗的胎儿，在母亲胎盘里生长。

红树“怀胎”大约半年左右。待到种子在母体上长成一个末端尖尖、有叶有根的棒状体幼苗(香港人称“水笔仔”)，足够应战脚下的险恶环境时，在“催产师”——风的协助下，红树开始“分娩”：“水笔仔”因地心引力垂直掉下去，扎进滩涂淤泥，几小时内便长出新叶和支持根。

红树幼苗扎根后，生长速度相当快，平均每小时长高 3 厘米，长到 1.5 米高时，就可以开花结果了。若“分娩”时恰逢涨潮，幼苗便直立着漂浮在水中。不必担心幼苗被淹死，红树妈妈早有准备，让子女体内富含空气，可以漂浮海上二三个月，也不会丧失生命力。

海水退去时，“水笔仔”很快会扎下根来，开垦新地盘，几十年后，又一片红树林傍海而立。

红树，正是凭借着这种特殊的“胎生”方式，让自己的子孙后代遍布热带海疆。

植物界的“胎生”现象，也见于佛手瓜、“胎生”早熟禾、睡莲等植物中。每逢旱季到来，佛手瓜的藤蔓枯萎，枯藤上还挂着瓜果。这时，果实里的种子已偷偷地吸收着果实内部的汁液，慢慢地萌出了新芽，长成一棵棵幼苗。这些藏在果实中的幼苗，一旦遇到降雨，就立即降生扎根土中，并且迅速成长。在旱季到来之前，佛手瓜已经完成了传宗接代的任务。

“胎生”早熟禾是一种一年生的草本植物，我国的陕西、甘肃、青海、四川等省均有分布。它们多生长在高山的山坡上，每年 8 月开花结果，果实成熟以后，就在母株上发芽，长成幼苗。

为幼小的子女喂奶一直是高级哺乳动物具有的能力，而生长在非洲摩洛哥西部平原上的奶树，同样具备这项本领。

每当奶树细蕊般的花球凋零时，花托处便会结出一个椭圆形的奶苞，在苞头的尖端生长出一种柳条状的奶管。奶苞成熟后，奶管里便会滴出黄褐色的“奶汁”来，这种当地人称之为会给子女喂奶的树，原名叫“蓬尹迪卡萨里尼特”，意思是善良的母亲。

这位“奶妈”高 3 米多，全身红褐色，叶片长而厚实，花球洁白美丽。

奶树的繁殖，不用种子，而是从树根上直接萌生出小奶树，因此在大树的周围，遍布丛生着许多幼树。大树的奶汁不时滴在小树狭长的叶面上，小树就靠“吮吸”大树的奶汁生长发育。当小奶树渐渐长大到可以“断奶”时，母亲便会从根部自行与其断裂，从而与孩子分离，让孩子成为一个独立的个体，与此同时，大奶树遮蔽小奶树的部分树冠也会随之开始凋萎，以便小奶树充分接受阳光和雨露。

摩洛哥奶树分泌的奶液，人是不能食用的。可是，在南美地区生长的奶树所流出来的汁液，却是富含营养的饮料，可与最好的牛奶媲美。当地居民把这种奶树种在村庄附近，待其成熟后，用小刀在它的身上划开一条口子，清香可口的“奶液”，便会汩汩流出来，流进当地居民的嘴巴和胃里。

奶树是世界珍稀树种之一，由于它自身繁殖力弱，在摩洛哥已经濒临灭绝。现在，科学家们正在研究如何保护奶树和探索培育繁殖奶树的方法。

提起生儿育女，当然离不开性。植物中绝大多数是雌雄同株或雌雄同花，但也有雌雄异株的，所以植物是有性别的。有趣的是，一些植物在“生育”过程中竟然会自发的变性！

植物王国的性变现象比较少见，在树木中更为稀罕，但不是没有。最典型的例子要属一种名叫巴西棕榈的高大乔木，在它的一生中要几次改变性别。

研究发现，巴西棕榈的性变与其体内获得的光能有关，一棵棕榈树获得能量较多的时候为雌性，可以开花结果。反之，则为雄性。据此，巴西棕榈在生长过程中，倘若周围树木很多，限制了成为雌性的足够光照，它就只表现为雄性。倘若周围的邻居较少，它所得到的阳光照射很充足，这时候又变回雌性。而这种情形并不是固定不变的，当雌性棕榈被四周高大的树木遮掩后，就会重新返回雄性的行列。

巴西棕榈的性别总是这样变幻莫测，连它自己也不清楚下一段时间是雌还是雄。

印度天南星，是一种喜湿的多年生草本植物，在温带、亚热带地区均有分布，四季常绿，常年生活在潮湿的树荫下或小溪旁。它也是变性高手，只不过是雌是雄，取决于它体内营养的多寡。

雌株体型高大健壮，营养物质丰富，但开花结果以后，由于大量耗能，第二年便变为小体型的雄株。当其养精蓄锐，体力得到恢复后，便又变为雌株，承担起繁殖后代的重任。因此，科学家认为，印度天南星的性变生理是植物节省能量、维持生命的策略。

“岭南果王”番木瓜，是一个在性别面前能左右逢源的“高手”，在番木瓜的眼里，雌雄互变，跟玩一样简单。

老家在墨西哥南部以及美洲中部的番木瓜，自打一出生，家族中就分化出了雄株、雌株、两性株，三种株性，能够开出五种不同的花！

三种性别的番木瓜，其实很好区分，因为它们所开的花，模样完全不同。番木瓜性别的改变，就发生在两性株上。

雄花瘦瘦小小，没有柱头，子房也退化了。花朵没绽开时，花蕾外形像个小棒槌。当黄白色的花瓣完全张开时，花瓣末梢，齐刷刷地朝一个方向翻转扭曲，像极了一个有着橘黄色花心的“小风车”，这时时刻刻想乘风而去的“小风车”，自然是无心结果的，开满这种花的番木瓜树，果农们叫它公木瓜树。

雌花体形较大，五片花瓣也扭曲着长在圆圆胖胖的子房下面，显然，雌花也有心想飞，却无力飞走。五个黄绿色的柱头，顶部细裂开来，如珊瑚般着生在既圆又胖的子房顶部。从小看大，这种花所结的果也和它的花一样，圆咕隆咚像个皮球，个儿小，皮厚肉少，籽还多，自然，这样的母木瓜树，也不受果农的待见。

果农最喜爱两性花，更准确的，是喜爱两性花中的“长圆形”两性花，另外的雄型两性花和雌型两性花，所结的果实外观不佳或直接出现畸形，一般是当不了商品的。

长圆形两性花的大小，界于雌花和雄花之间。未开花时，长圆形两性花的外表有点像带壳的花生，上下几乎一般粗细。只有这种花，才有可能结出果腔小、果肉厚、味道甜的长圆形果实，大家在超市里买到的番木瓜水果，就是这种花的果实。

但长圆形的花，未必全部可以结出长圆形的商品果，因为它善于“变性”，它会将自己的变性技能，在环境温度的变化中，发挥得游刃有余呢！

当气温超过 32℃，干旱、缺肥时，长圆形的花会向着雄性花发育，这种趋雄的结果是，结出的番木瓜噘嘴皱皮，内里和外观皆差，无法食用；而当气温低于 26℃，它的花又掉头向雌性花发育——趋雌，会结出皮厚、肉少、籽多、圆咕隆咚的瓜，同样不能成为商品。当然，这种变性是可逆的，性别还会随温度变回来；果树只有温度在 26 ~ 32℃时开出的长圆形两性花，才能够成长为我们想吃的美味。

为什么温度会令番木瓜变性？到现在为止，谜底还没有真正揭开，只知道这种变性是番木瓜的自我保护方式。但研究的阶段性成果，足以让果农从花期诊断出番木瓜的性别，在栽培的过程中提前筛选，保留有经济价值的两性株，舍弃无用的雌株和雄株。

与植物“谈情说爱”

绿色植物能够感觉到自己是否受到宠爱或者被拒绝，并且可以把自己的“情绪”表达出来。

这既不是猜测，也不是假想，验证植物感觉的实验很多，其中最著名、最有说服力的，是慕尼黑一位名叫亨宁的心理学博士所做的“赞扬与漫骂疗法”实验。

亨宁博士与一个医疗小组一起购买了两盆长势相同的深色紫罗兰。他把两盆花放在同等光照条件的地方，定时定量地浇水、施肥。亨宁博士在其中一个花盆外画上正号，而在另一个花盆外画上负号，他让参与实验的人每天跟花讲一次话，每次三分钟。对画正号的盆花甜言蜜语，并且赋予其良好的祝愿和表扬。而要求参与者对画负号的盆花进行粗野地咒骂，态度怎么恶劣怎么来。

刚刚过了 10 天，区别就明显地显现出来——画负号的紫罗兰花开得很小，叶子也长得懒懒散散、无精打采，与旁边画正号的紫罗兰简直无法同日而语。

亨宁博士在做完“赞扬与谩骂疗法”后，将两盆花搬回家。这次，他劝慰似的对画负号的盆花说情，请求它原谅自己进行了粗鲁的试验，然后不断地表扬它，让它感受自己的宠爱，而对画正号的盆花只是施肥和浇水。

不可思议的事情发生了：画负号的深色紫罗兰很快恢复了元气，并且长得比画正号的盆花还要花繁叶茂。

“这就如同一个经受了苦难的人一样，经历使他变得更成熟和强大。”博士是这样解释的。

当家人不在时，有些家庭花卉甚至会因此而感到痛苦，这是美国科学家布克斯特经过悉心研究后得出的又一结论。

他说：“请你在下一回旅行时带上你心爱的花卉的照片，每天至少深情地看照片一两次，热烈地思念它们。你若在全部时间里都跟它们保持着思想交流，等你回到家时，便会惊奇地发现，这些植物长得是多么蓬蓬勃勃。”

布克斯特用电磁仪做了许多实验，以研究植物的感觉和情绪，他甚至认为植物可以远距离地与它们的主人保持联系，或者叫作心灵沟通。例如，当主人乘坐飞机，每当飞机起飞或降落时，植物都会对主人表现的飞行恐惧有所反应。

一次，布克斯特走进纽约的时代广场，那里人来人往，川流不息，他仔细地记录下了自己进行各种活动的具体时间以及情绪的变化，如跑步、走路、下台阶的时间，甚至把他同卖报人的吵嘴时间也记录了下来。与此同时，他又让自己的助手记录下实验室内他精心培育的三株植物在这段时间的反应。

结果发现：当布克斯特的情绪发生变化时，那三株植物在记录纸上的

“情绪”也同时发生了变化，而且在时间上相当吻合。

因此，布克斯特在进行了一系列的研究后，提出了自己的学说：植物与人之间可以进行情感上的交流。

一时间，他的研究引起科学界的巨大反响，许多学者认为这是不可思议的事情，他们对此大多持怀疑态度。美国加利福尼亚的化学博士麦克·弗格，就与其他科学家一起抨击这种近乎荒诞的学说。为了给驳斥提供可靠的证据，弗格进行了一系列试验。

但有趣的是，他在得到试验结果后，态度来了个 180° 的大转变，由怀疑变为支持。因为他在实验中发现，当植物受到伤害，如被撕下一片叶子后，会产生明显的反应。尤其让他惊奇的是，植物对于他干“坏事”的动机和想法都会做出反应。这些现象，使弗格兴趣大增，他开始全身心地投入到植物心理学的研究。

弗格在进行了一定的研究后认为，植物存在一种可测的心理活动，通俗地讲就是植物会思考，也会体察人的各种感情，获知人的意图，即与人可以进行心灵沟通。他甚至声称，可以按照性格和敏感性对植物进行分类，就像心理学家对人进行分类那样。

他还发现，不同的植物对人意识的反应也不同。拿海芋科的植物来说，有的反应快，有的反应较慢，有的表现得很清楚，有的则模糊不清；就其叶子来说，也具备各自的个性和特点，电阻大的叶子特别难合作，水分大的新鲜叶子特别好沟通。

不过，植物的这些反应也有它们的活动期和停滞期，只能在某些天的某个时候才能充分进行沟通反应，其他时间则是休息和睡眠时间。

德国著名的《图片》杂志社发表了一系列“与植物谈情说爱”方面的有趣文章。

来自于柏林的年轻人查德·比克，会定时带着他的宝贝盆花去散步，他把矮牵牛和仙客来搁在一辆拖车上，拉着它们穿过海顿公园。他对百般嘲笑他的邻居们强调说：“你们看，我的这些植物对散步很满意，它们已经愉快地开满花朵以示答谢。”

亨利·希来自于斯贝莱。一天，他在一个垃圾箱内捡到一株蔷薇。他把蔷薇带回家种上，虽然蔷薇活了过来，可是不开花。在他 50 岁生日的前一个月，他自言自语地对蔷薇说，要是在他生日那天赐给他鲜花该有多好啊！生日当天，他朝车库走去时，顿时惊讶得几乎不敢相信自己的眼睛，尽管早已过了开花的季节，可是这株蔷薇却绽开了 17 朵大红花。“我多想上前去拥抱它们啊！”亨利感动得无以言表。

尽管有以上诸多的实验证据，但是关于植物“情感”的探讨与研究，依然没有得到科学家的普遍首肯，毕竟这是一门新兴的学科——植物心理学。

在这门学科中，还有无数值得深入了解的未知之谜，等待着科学家去探索、揭晓。

第二章 撷趣大观园

植物是数学家、物理学家

植物，天生是让人惊讶的数学家。

花瓣对称地排列在花托边缘，整个花朵几乎完美无缺地呈现出辐射对称形状；叶子沿植物茎干交互叠起；有些植物的种子是圆的，有些是刺状，有些则是轻巧的伞状……

所有这一切，向我们展示了美丽的数学模式。

创立坐标法的著名数学家笛卡尔，根据他所研究的一簇花瓣和叶形曲线特征，列出了 $x^3+y^3=3axy$ 的方程式，这就是现代数学中有名的“笛卡尔叶线”(或者叫“叶形线”)。数学家还为它取了一个诗意的名字——茉莉花瓣曲线。

后来，科学家又发现，植物的花瓣、萼片、果实的数目以及其他方面的特征，都非常吻合于一个奇特的数列——著名的斐波那契数列：1，2，3，5，8，13，21，34，55，89……其中，从3开始，每一个数字都是前二项之和。

向日葵种子的排列方式，就是一种典型的数学模式。

仔细观察向日葵花盘，你会发现两族螺旋线，一族顺时针方向盘绕，另一族则逆时针方向盘绕，并且彼此镶嵌。虽然不同的向日葵品种中，种子顺、逆时针方向的螺旋线的数量不相同，但往往不会超出 34 和 55，55 和 89 或者 89 和 144 这三组数字。这每组数字都是斐波那契数列中相邻的两个数，前一个数字是顺时针盘绕的线数，后一个数字是逆时针盘绕的线数。

雏菊的花盘也有类似的数学模式，只不过数字略小些；菠萝果实上的菱形鳞片，一行行排列起来，8 行向左斜，13 行向右倾斜；挪威云杉的球果在一个方向上有 3 行鳞片，在另一个方向上有 5 行鳞片；常见的落叶松是一种针叶树，其松果上的鳞片在两个方向上各排成 5 行和 8 行；美国松的松果鳞片则在两个方向上各排成 3 行和 5 行……

如果是遗传决定了花朵的花瓣数和松果的鳞片数，那么为什么斐波那契数列会与之如此的巧合？

植物叶子的生长布局，也绝不是杂乱无章的。如果从一些植物嫩枝的顶端往下观察，叶子的排列也是螺旋线；而且，叶子在螺旋线上的距离，符合数学中的“黄金分割率”。这样的生长方式，让每片叶子都能最大限度地接受阳光而不会被上面的叶片遮蔽。

这是植物在大自然中长期适应和进化的结果。因为植物所显示的数字特征是植物生长动态过程中必然会产生的结果，它受到数学规律的严格约束。换句话说，植物离不开斐波那契数，就像盐的晶体必然具有立方体的形状一样。

由于该数列中的数值越靠后越大，因此两个相邻的数字之商将越来越接近 0.618034 这个值。例如 34/55=0. 6182，89/144=0.61805……会与之越来越接近，这个比值的准确极限为“黄金数”：（$\sqrt{5}$–1）/2。

数学中，还有一个称为黄金角的数值是 137.5°，这是圆黄金分割的张角，更精确的值应该是 137.50776°。与黄金数一样，黄金角同样受到植物的青睐。

车前草是西安地区常见的一种小草，车前草轮生的叶片间的夹角正好是黄金角 137.5°，按照这一角度排列的叶片，能很好地镶嵌而又互不重叠。这是植物采光面积最大的排列方式，每片叶子都可以最大限度地获得阳光，从而有效地提高植物光合作用的效率。

建筑师们参照车前草叶片排列的数学模型，设计出了新颖的螺旋式高楼，最佳的采光效果使得高楼的每个房间都很明亮。

1979 年，英国科学家沃格尔用大小相同的许多圆点代表向日葵花盘中的种子，根据斐波那契数列的规则，尽可能紧密地将这些圆点挤压在一起。他用计算机模拟向日葵的结果显示，若发散角小于 137.5°，那么花盘上就会出现间隙，且只能看到一族螺旋线；若发散角大于 137.5°，花盘上也会出现间隙，而此时又会看到另一族螺旋线；只有当发散角等于黄金角时，花盘上才呈现彼此紧密镶合的两族螺旋线。

所以，向日葵等植物在生长过程中，只有选择这种数学模式，花盘上种子的分布才最为有效，花盘也变得最坚固壮实，产生后代的概率也最高。

植物本身还能进行复杂运算，运算能力相当于初中生！这是英国诺维奇市的约翰·英纳斯中心的科学家发现的。因为植物需要计算出没有阳光的夜间所需要的“粮食储备”。

艾利森·史密斯领导的团队，用一种名叫拟南芥的植物进行实验。拟南芥也称鼠耳芥，这种植物经常充当植物专家做实验的“小白鼠”。

结论是：植物能够进行算术运算来决定在夜晚应该以什么速度来消耗自身的淀粉。从日落之后直到第二天太阳升起之前，植物因无法接受太阳光而都不再制造新的有机物，所以它们不得不合理地分配一下自己在一天中积累的有机物。这就需要植物能非常精确地调整它所需的淀粉消耗量。研究还发现，拟南芥甚至能够应对突然到来的夜晚（人工模拟）等突发情况。

这种现象只能有一种解释，在此过程中，植物进行了完整的数学运算，而且进行的还是除法。史密斯说："植物实际上是通过一种简单的化学方式，在做数学题。当我们看到这个实验结果时，不单是欣喜异常，准确地说应该是被它们吓到了。"

研究人员认为，这项计算通过植物体内的两种分子来完成——它们分别是：代表淀粉的"S"分子，代表时间的"T"分子。如果S分子能激发淀粉储备的临界点，而T分子能阻止淀粉消耗殆尽的话，植物体内的淀粉消耗量则能通过两个分子之间的比率设定出来。换句话说，就是用S除以T。而这种能力与初中生的数学水平相似。

植物不单是数学家，也是高明的物理学家！

许多树的树干都是底部大、上部小，呈圆锥状，这是一种稳固的、抗倒伏的理想几何形状。比较一下云杉、雪松与古代宝塔或是现代的电视塔的形态布局，就会发现它们是多么的相像。

植物茎干的结构，堪称物理学家的"良师"。植物的茎干绝大多数为圆柱状，少数是三棱形或四棱形。并且，植物茎干木质部组织的厚度，基本上只有茎干直径的七分之一左右，这种茎干形状和木质部的比例，以耗费最少的生物材料而获得最大的坚固性和运输作用。

想想那纤细而中空的小麦茎干，竟能撑起比它重几十倍沉甸甸的麦穗，就不难理解古今中外大型建筑物的顶梁柱都选用圆柱了。

按照力学原理，中空茎干与同样粗的实心茎干相比，它们的支撑力基本是相等的，可用材与自身重量相差就很大了。小麦茎干耗材少而支撑力大而坚固的结构，正好成为今天制作中空水泥电线杆的样板。

鱼尾葵、棕榈等植物叶面的“之”字形折扇结构，具有较大的张应力，能够在狂风暴雨中保持很强的柔韧性而不被撕裂和折断。

可以用一个有趣的力学小试验来验证它。将一张白纸搭在两个相距 20 厘米的酒杯上，纸本身的重量就会使纸弯曲，但如果把纸折叠成 1 厘米宽的折扇状放于两个酒杯上，这样即使在纸桥上放一个装满酒的酒杯，折扇状的纸也不会弯曲，这就是“之”字形结构的张应力所发挥的作用。按照这一原理，工程师们设计出了波形板、瓦楞纸板等新颖的建筑材料。

作为数学家和物理学家的植物，从摇曳生姿的外形、枝叶的排列方式到花朵和果实的布局等，让我们深切感受到生物的美、数学的美和物理的美。尽管人类对绿色世界数理规律的了解现在仍然只是一鳞半爪，但科学的发展将会进一步揭示它的规律。学习自然，仿效自然，让自然更多地造福人类是我们的目标。

动植物联盟

自然界里的蝶恋花，可不像文艺作品中那样充满诗情画意。这是一种互惠合作的动植物联盟——蜂、蝶为花朵传授花粉，花儿为蜂、蝶提供美味佳肴。

至于，一种植物和某种动物能够结拜成坚不可摧的“把兄弟”，或许还鲜为人知。

昆虫丝兰蛾与植物丝兰之间的关系就非同寻常，这关系如同寓言故事般神奇。

丝兰蛾是一种个头小巧的蛾类，是丝兰专一的传粉“媒人”，而且，只能生活在丝兰的怀抱里。

丝兰的花是傍晚时开放的，花朵绽开的过程中会释放出香味。这花香，是丝兰向脚下土壤里的丝兰蛾发出的“请帖”。

丝兰蛾接到请帖后，会从茧中爬出来飞离地面，然后将丝兰花朵作为爱巢，在充满花香的爱巢里，完成雌雄丝兰蛾的婚配。之后，雌性丝兰蛾开始飞悬在丝兰的雄蕊上，用它那细长且能弯曲的吻管，收集花粉。然后很细致地用前足把花粉搓结成一个大块。丝兰的花粉非常黏，很容易成型。丝兰蛾有时收集的花粉个头，能达到它头部的3倍之大。

收集好花粉后，这只丝兰蛾便背负着这团重物，飞抵另一朵花。雌蛾还长着一个长长的放卵器，它能利用这伸缩自如的放卵器，刺穿丝兰的子房壁，将身体里的卵，安放在丝兰的子房中。从此，丝兰将开始行使自己的另一个职责：代育妈妈。

丝兰是自交不亲和的，也就是说自己的花粉不能直接传递给自己的柱头，这和人类刻意避免近亲结婚一样，可以少一些不良后代。因此，丝兰高质量的传宗接代重任，必须仰仗丝兰蛾的鼎力相助。

丝兰花有6枚花瓣，位于花中间的雌蕊，是由3根三角棒状的结构组成的复合雌蕊，外围有6个分离的扁平状雄蕊。复合雌蕊是中空的，合围成一个假的柱头管，真柱头在管子的底部。因此，花粉只有传递到花柱的底部，丝兰才能授粉。

雌丝兰蛾在丝兰花的子房里安顿好后代“卵子”后，开始为丝兰工作。它会爬上复合雌蕊的顶部，用前足和吻管将搬运过来的花粉球，竭尽全力压入管子的深处，好让花粉球够得到丝兰的柱头。细心又勤恳的丝兰蛾妈妈，为了确保丝兰受精，会将“采集花粉——放卵——压入花粉”这项工作来来回回重复多次，不遗余力。

世间的好妈妈大概都具备这样的品德：吃苦耐劳且精益求精！

如此这般劳碌后，这朵丝兰子房中的3室，都有了丝兰蛾产过的卵，3个柱头，也都经由丝兰蛾压入了花粉而受精，随后结出种子。

作为报酬，丝兰会贡献出自己的一部分种子，养活位于子房里的丝兰蛾幼虫。

假如丝兰没有种子，在自然条件下便无法繁衍；如果没有丝兰花子房的庇护和提供食物，丝兰蛾的幼虫，也无法长大，更不能繁殖后代。总之，这一草一虫，千百年来就这样相伴相生，唇亡齿寒。

奇妙的是，丝兰蛾似乎知道每朵花里是否有其他姊妹光顾过，也懂得在每朵花上产下多少卵最适宜，更知道适度利用和过度开发的利和弊，让后代刚好吃掉大约15%的种子，这样剩余的大部分种子，用以确保丝兰完成传宗接代。

当丝兰的种子快要成熟时，丝兰蛾的幼虫也长大成虫了，它们便咬穿果壁，吐丝下降到地面，然后在土中结茧越冬。那些没被吃完的丝兰种子掉落地上，来年就会长出一株株新丝兰。等到下年度丝兰开花时，新一代的丝兰蛾也破茧而出，再次为生育和传粉而忙碌——如此这般年复一年，往复循环……

在非洲的毛里求斯，有一种珍贵的树木叫大栌榄树。几百年前，大栌榄树林里生活着一种奇怪的鸟，叫渡渡鸟。这种鸟虽然长有翅膀，却早已在陆地生活中退化了，形同虚设，它体型庞大，身高1米左右，不仅不能飞，而且行动迟缓、摇摇摆摆，模样有点怪异。

16世纪以后，一些欧洲殖民者来到毛里求斯，肉肥味美、行动笨拙的渡渡鸟很快成了他们的盘中餐。到 1681 年，最后一只渡渡鸟在地球上消失了。从此，人们只能在博物馆中见到它们的标本了。

奇怪的是，渡渡鸟灭绝之后，大栌榄树也日渐稀少，到 20 世纪 60 年代，整个毛里求斯只剩下 13 株大栌榄树。这种名贵的树种眼看就要从地球上消失了。

1981 年，美国生态学家坦普尔来到毛里求斯，研究这种濒临灭绝的树木。这一年，正好是渡渡鸟灭绝 300 周年，而这些幸存的大栌榄树的年龄也正好是 300 年。这个巧合引起科学家的极大兴趣，他想：渡渡鸟与大栌榄树种子的发芽能力是否相关？

于是，坦普尔开始做这方面的实验。渡渡鸟虽然已经绝迹，但像它那样不会飞的大鸟还是有的，吐绶鸡就是一种。

坦普尔让吐绶鸡先吃下大栌榄树的果实，几天后，从鸡的排泄物中，他找到了大栌榄树的种子。坦普尔发现果肉已被消化掉了，种子外壳也由于鸡嗉囊的研磨已不像原先那么坚厚。

坦普尔把“处理”过的大栌榄树种栽进苗圃里，让他高兴的是，圃地里居然长出了绿油油的嫩芽。大栌榄树不育症的原因终于找到了，它又绝处逢生，摆脱了灭绝的险境。

在古巴，也有一对至亲至爱的动植物盟友，一个是蝙蝠棕，另一个是蝙蝠。

蝙蝠棕高 15 米左右，茎干直立高耸，树顶上集生着许多能庇荫的羽状复叶，又高又大的叶子形成下垂的伞状树冠。由于它枝叶繁茂，白天枝叶间藏匿着成千上万只蝙蝠。夜幕降临，蝙蝠纷纷出去觅食，第二天早晨又重新回到棕树上栖息。蝙蝠棕以宽大的叶子为蝙蝠提供了庇护所，而蝙蝠的粪便又为蝙蝠棕的生长提供了养料。

南美洲有一种以树叶为食的啮叶蚁，却从来不啃食蚁栖树的叶子，不是不想吃，而是不敢吃。因为蚁栖树上有啮叶蚁望而生畏的强劲对手——益蚁。

益蚁和蚁栖树绝对可以称得上是一对完美搭档，有福同享，有难同当。益蚁就居住在蚁栖树提供的安全的空心树干里，吃着蚁栖树叶柄基部富含蛋白质和脂肪的蛋形物，吃住无忧，轻松悠闲。益蚁似乎懂得“滴水之恩，当以涌泉相报”的道理，一旦遇到啮叶蚁前来偷吃树叶，益蚁们会毫不犹豫地冲锋陷阵，群起而攻之，直至侵略者落荒而逃。有了这群忠心耿耿的捍卫者，蚁栖树可以枝繁叶茂地茁壮成长。

以上几个例子中，动植物之间的友谊是经得起考验的，不因时间和外界因素变化而有所改变。

自然界中，动植物间还存在着一些松散的联盟，在风平浪静的日子里，大家各自为生，一旦危机出现，一方能快速发出求援信号，接到警报的一方则全力以赴赶来解除危机。当然，求援的一方只能是植物，它们的动物盟友会在第一时间赶到现场挽救其盟友的生命。

在前文《植物巧斗动物》中，我们也知道，当卷心菜发现毛毛虫在啃吃自己的叶片时，它不是坐以待毙，而是很快地散发出一种气味。这种气味将“这里有毛毛虫”的消息告诉给毛毛虫的克星——寄生蜂。循味而来的寄生蜂会毫不留情地在毛毛虫身上产卵。蜂卵孵化后自然以毛毛虫的身体为食为家，毛毛虫不久即因养分耗尽而命丧黄泉。因此，卷心菜借助寄生蜂的力量消除了它无法抵御的劲敌，保全了性命。

金合欢属的植物也非常需要蚂蚁的帮助，两者之间互惠互利。蚂蚁保护它们不受寄生虫的侵犯，金合欢属的植物也不忘给蚂蚁提供舒适的巢穴。一旦蚂蚁感觉住在这里觅食不便想搬家时，树木还会散发出甜味剂，试图诱使其盟友放弃搬家计划。

荷兰瓦格宁根农业大学生态学专家马歇尔·迪克博士认为，一棵植物可以造出种种化学物质，它要造成什么样的以及多大剂量的化学物质，完全取决于其所处的外部环境情况。

捕食害虫的动物一般都是非常挑剔的，只有能放出相当有吸引力的化学物质的植物，才会吸引它们成群结队来享用植物提供给它们的食物。“三星级以下的餐厅”很难留住它们的脚步，这些小动物也一般不会轻易改变现有的食物来源。

植物因受害虫侵犯而产生的信号物质人工可以仿造，捕捉害虫的动物对人造信号物质同样可以做出反应，这对抵抗植物疾病，维护生态环境具有重要的意义。

记录生命的圆圈

许多人家的厨房里，都有一个圆圆的厚木墩，是专门用来切菜和切肉的。仔细观察木墩，就可以看到上面一圈又一圈密密的木纹，有深颜色也有浅颜色，宽度也不尽相同。这些深浅不一、宽窄不同的圆圈，是大自然的杰作。

一个圆圈的形成，正好历经地球绕太阳一周的时间，也就是说树木每增加一个圆圈，就印证植物又长大了一岁，所以，科学家把这些圆圈称为年轮。

圆圈为什么深浅不一、宽窄不同呢？这是因为一年四季当中，由于受季节、气候等因素的影响，树木生长的速度是不相同的。春天，阳光明媚，雨水充足，气候温和，树木生长得很快，这时生长出来的细胞体积大、数量也多，因此细胞壁较薄，木材的质地疏松、颜色也浅；而在秋季，天气渐渐转凉，雨量减少，阳光也失去了夏天的炎热，树木生长的速度自然放慢，这时生长出来的细胞体积小、数量少、细胞壁变厚，质地紧密，颜色就比较深。到了第二年，在去年深颜色的秋材之外，又会生出浅颜色的春材。

如此年复一年，深深浅浅的颜色相互间隔，就形成了一圈又一圈层次分明的轮纹。

因此，通过查看一棵树的年轮，也就知晓树木的芳龄了。这些记录绿色生命的圆圈，烙印了大自然千变万化的痕迹，是一种非文字记录的科学

资料库。这些神秘的生命之旅，不仅记录了树木的年龄，而且储存了大自然许多重要的信息。

首先，年轮的宽窄与树木生长的气候密切相关，人们观测年轮就可以推测过去的气候。例如，若年轮较宽，则表示树木生长的雨量充沛，阳光充足、气温适宜；反之则雨水少、光照不足，气温偏低或者过高。

20 世纪 60 年代，美国生物学家哈罗德·弗里茨仔细考察了塔克森林附近一些老树的生长过程，经过 10 个寒暑的工作，仔细研究了年轮形成的全过程，据此对于以往还没有气象记录的时期，通过一环环年轮形成的情况，推断当时的气候。就这样，他把美国西部和太平洋北部的气象图编制到大约公元 1600 年。

美国的科学家根据年轮提供的信息，发现美国西部草原每隔 11 年就发生一次干旱，因此成功地预报了 1996 年的严重旱情，使得当年的损失减到最少。

另外，在美国科罗拉多州西南，有一个叫梅萨费尔德的国家公园里，古代的印第安人在那里留下了 300 多座住宅，它们代表了印第安人的村落“普韦布洛”的最高水平。但是，在 13 世纪后期，这些印第安人却陆续离开了自己的家园，留下一片废墟，这里曾经发生了什么？

科学家根据当地树木年轮所提供的气象信息分析，原来在 13 世纪最后的 25 年里，那里发生了严重的旱灾。干旱使得庄稼颗粒无收，人们甚至难以喝到维持生命的水，于是只好背井离乡，离开一度繁荣的普韦布洛。

我国气象工作者也曾经对祁连山区的几棵古圆柏的年轮进行了研究，并由此得出：我国近千年来的气候特征是以寒冷为主，从 17 世纪 20 年代到 19 世纪 70 年代是千年里最最寒冷期，这个时期整整持续了 250 年。这与竺可桢教授在《中国近五千年来气候变迁的初步研究》一书中的结论完全吻合。

其次，年轮在环境科学和医学方面也能够为科研提供帮助。德国科学家用光谱法对三个地区的树木年轮进行了对比分析，掌握了 120 年到 160

年间，这些地区铅、锌、锰等金属所造成的污染，找出了环境污染的主要元凶。

我国科学家通过对年轮的研究发现，树木中钼的含量与克山病的发病率之间有着负相关关系，如果钼的含量低，当地克山病发病率就高。

另外，美国的科学家还利用年轮进行地震研究。这是由于地震往往造成地面倾斜，而树木又有笔直向上生长的能力，因此年轮肯定发生相应的变化。有些不幸生长在地震断裂带处的植物，其根系的生长受到阻碍，那么这一年形成的年轮就比较小，并且伴有其他症状。这样根据年轮的变化就可以了解当时历史上发生地震的时间、强度和周期，于是就有可能做出成功的地震预报。

科学家在密密的年轮中，还发现了一道叫霜轮的特殊标记。这种霜轮，只有在整年气温都很低的情况下才会出现。

其后的研究又发现，不少霜轮出现的时间与火山大爆发的时间吻合。如 1816 年，东印度群岛坦波拉火山爆发，曾使 1816 年成了“没有夏天的一年”。它不仅给当地的刺果松留下霜轮，而且在南非的树中也有同样印记，所以科学家认为年轮也能够记录火山爆发。因为火山爆发时，大量灰尘和气体进入大气层，遮挡了大片阳光，从而使温度降低，甚至低至冰点以下，故出现霜轮。

这些记录生命的圆圈，为人类科研所提供的“情报”是如此丰富，其价值自然是弥足珍贵的。但是，观看年轮就要将树木拦腰截断，那么，对于一些古老而珍稀的植物，要研究其年轮，能不能不使它们折腰殒命呢?

科学家为此专门发明了一种专用钻具，它能从树皮一直钻到树心，然后取出一个薄片进行分析。若提供的信息不足，还可以再换个角度，另外取出一个薄片，这样既不会影响树木的寿命和生长，又能了解年轮所包含的各种数据信息。

近年来，日本科学家把 CT 技术也应用到观察树木的生长状况方面，这样，即使面对的不是整个年轮，也能对树木当年的生长情况及其当时的气候与环境等诸多方面进行系统研究，如利用古代建筑的木结构和古代木雕就可以进行科学研究，等等。

吸引苍蝇的植物

许多人一谈到花朵，眼前立即浮现出绚丽多彩、芬芳迷人的景象。其实，科学家对 4189 种花朵进行了统计，却发现，其中大部分花并不是香的！真正香气袭人的花朵只占 18.7%，还有 1.3% 的花朵竟然臭气熏人。

这些散发着腐臭气味的少数花，当然吸引不了蜜蜂、蝴蝶等美丽昆虫为它们传花授粉。但是，却会吸引各种逐臭类昆虫，尤其是声名狼藉的苍蝇——凡是有腥臭污秽的地方，都有苍蝇的身影。

苍蝇的嗅觉特别灵敏，远在几千米外的气味，它们都能闻到，并且苍蝇对色彩毫无兴趣。当然，物以类聚，“虫”以群分嘛。

这从一个侧面也说明，飞来飞去的蜜蜂与漂亮的蝴蝶，并不是花朵赖以传播花粉的唯一动物媒介，花朵的功劳簿里，也该记上令人讨厌的苍蝇一笔。

一天，一位植物学家在野外考察时，发现一棵长茎末端长着厚叶子和一串串绿芽的藤，非常漂亮，但却从未见过。植物学家将它带回家，插在花瓶里。第二天清晨，当他从卧室里下楼，一股恶臭即扑鼻而来。难道家里什么地方死了一只老鼠？这种气味，就像腐败的尸体般实在太难闻了，必须把家里所有的门窗都打开。做完这些后，他开始仔细地逐臭索源。

噢，大概在插满青藤的花海后面，不，就在花瓶里面！他仔细观察花瓶和植物，看不到任何其他的东西，可他的鼻子确实闻到了浓烈的臭味！这时，他看到那美丽的绿色花苞，已经在夜里开放了。就是它，它就是发出恶臭味的“死老鼠”——臭菘花。

臭菘花知道，自己散发出的恶臭味，肯定不受人类和大多数动物的欢迎，为了掩饰自己令人讨厌的气味，臭菘一般生长在沼泽中，而且还要戴上一个漂亮的绿色面罩——佛焰苞。臭菘也知道，自己要想顺顺利利地传宗接代，必须依赖苍蝇的帮助，因为只有苍蝇，对自个的味道大加赞赏。

在印度尼西亚的苏门答腊岛，生长着世界上最大的花朵——大王花。大王花含苞待放时，还是有一点点香味的，过了一两天，它就变得臭不可闻，散发出腐肉味和粪便味混合后的那股恶臭。

假如你不知道它，却猛然间闻到了，说不定会被呛得摔个大跟头。它那熏天的恶臭，在方圆数百米之外都能闻到！这恶臭，不仅吸引来苍蝇和甲虫，甚至可以招来专吃腐肉的乌鸦。大王花借此传花授粉，繁育后代。但由于雌、雄花开花的时间不同，花期又短，因此授粉很是困难，这样也导致了大王花的数量日渐减少，目前已濒临灭绝。

在拥有诸如龟背竹、花叶芋等观叶植物，以及半夏、天南星等药用植物而称的天南星科植物中，就集中了许多臭名昭著的“名花”。人们常见的独角莲，开花时会散发出人粪的臭味，而这还算不了什么，巨魔芋才是臭花中的“明星”呢！

花开时分，巨魔芋会模拟死尸散发出腐肉的味道。紫红色的肉穗花序，有着腐肉的质感，色彩也模拟得惟妙惟肖。它甚至懂得模仿刚刚死去动物的体温，让肉质花序轴顶部的温度，高达38℃。

显然，它还知道这热量能在花序轴顶部形成低压区，把佛焰苞基部产生的臭味，通过对流的方式，强行输送到远方，成为气味的助推器。所以，混合着厕所味的腐尸臭气，经由这高温的加速，会传播得更远、更快，以至于方圆3千米的范围内都飘散着它的恶臭。而它真正的雌雄小花，被包裹在一片烛台般的佛焰苞底部，这里黑暗逼仄，更像是死尸的疮口……

佛焰苞和肉穗花序，似乎是两个生涩难懂的专业词汇，这么说吧，马蹄莲是大家所熟悉的花卉，它那白色的“花瓣”，就是佛焰苞，黄色的“花心”，则是肉穗花序。

巨魔芋费尽心思把自己装扮成虫子眼里的死尸，其动机并不高尚，它的所有欺骗性特征均来自一个目的——吸引那些痴迷腐肉又缺乏足够脑细胞的逐臭昆虫，前来为自己传花授粉，免费协助自己繁衍后代。

逐臭昆虫哪里知道这么多啊，它们颠颠地飞来后，不仅得不到腐肉大餐，还要被巨魔芋关禁闭，多么悲催啊。

巨魔芋的巨型花序上，除了佛焰苞，在肉穗花序轴的基部，拥有400多个雌花，500多个雄花。开花时，巨魔芋会让位于最底部的雌花率先开放，第二天，雌花开败后，才让雄花绽开，这样的安排避免了自花授粉。巨魔芋也明白“近亲结婚”对于种族的强盛来说是有害的。

在巨魔芋开放的第一天，雌花先熟，从花朵基部散发出的尸臭味，让逐臭昆虫趋之若鹜。它们飞过来后，会不约而同地钻进佛焰苞的底部，也就是雌花开放的部位。此时，佛焰苞的内壁十分光滑，无法攀爬，狭窄和潮湿的空间也难以起飞，因此，当虫子们发觉上当后，已经来不及逃离了，只好在此过夜。这个过程中，被囚禁而急得团团转的虫子，会把来自另一株魔芋的花粉，涂满巨魔芋雌花的每一个柱头，而此时上面的雄花尚未成熟，所以不存在自花授粉的可能性。

第二天，雌花纷纷凋谢，直至全部丧失授粉能力后，位于上部的雄花才开始接力开放。破壁的花粉如小雨一般洒下，被禁闭在此处的昆虫，头、身子、翅膀和四肢上，无一例外被洒满了花粉。到这个时候，巨魔芋看时机已经成熟，它开始让佛焰苞的内壁变得粗糙起来，背负着满身花粉的虫子，终于有了逃生的“阶梯”。然而，重获自由的虫虫，似乎已经忘记了昨夜被禁闭的滋味，颠颠地又循着尸臭味，飞向另一株刚刚开放的巨魔芋……

瞧！巨魔芋一手策划的生存计谋，就像一出完美的戏剧，有着让人震撼的“演员”阵容，有起因、有情节、有高潮，也有让人思索的结尾……

因此，当人们获悉，哪里的巨魔芋要开花了，便会争先恐后前往观看。它散发出的尸臭味，也难以阻挡人们好奇的脚步。

在非洲南部的干旱地区，也生长着一类十分有名的臭花。它的叶片退化了，茎肥厚多汁，形如仙人掌科植物，但一开花就暴露了身份，原来是萝摩科植物。由于它的花朵肉乎乎的，上面长有许多毛，还有明显的色斑，因此被俗称为“豹皮花”。这类花开放时几乎都散发出浓烈的腐肉臭味，再加上有些种类的花朵还呈现肉红色，对腐肉的模拟十分成功，一开花便会招来与其臭味相投的苍蝇和甲虫。

还有一种植物，颜色像腐烂的肉色，气味更别提多臭了，它的名字叫：土蜘草。苍蝇毫无疑问是它的追随者，苍蝇喜欢到它那里去产卵，土蜘草借此传播自己的花粉，它们相互利用，投其所好。

据说有个画家打算把土蜘草画下来，提醒人们注意，画画时因为他实在忍受不了那种臭味，只好用玻璃罩把它罩起来。

所以说，若有机会到各地旅游，见了不认识的鲜花，尽管它仪态万方，也不要一下子就把鼻子伸过去，免得闻到这种腐臭的气味，把旅游的兴致给破坏了。

植物猫

与老鼠相关的词，大抵都是贬义词：贼眉鼠眼、鼠目寸光、抱头鼠窜、老鼠过街，人人喊打……的确，老鼠随意打洞、撕咬东西、偷吃粮食、传播瘟疫，却又敏感机灵，加上繁殖迅速，所以人与鼠的战争持续这么多年后，它仍然能够与人类作对。

在农村，人类一度大量使用化学制剂灭鼠药，发现老鼠没消灭多少，却毒死了不少猫和家禽，环境也遭到一定的污染。实际上，自然界中有许多老鼠的天敌，“植物猫”——便是这样的一个群体，“植物猫”在工作中“恪尽职守”，利用它们灭鼠，会取得事半功倍的效果。

“鼠见愁”是一种经过太阳晒干后，能散发出特别气味的草本植物，老鼠对这种气味深恶痛绝，只要闻到它，转身就跑。如果在农田周围、房前屋后种上它，就能轻松免除老鼠的骚扰。

生长在罗马尼亚的琉璃草，也是老鼠的克星。这种草的叶子表面上生有腺毛，腺毛挥发出的气体中，含有多种作用于动物神经系统的生物碱，老鼠一旦吸入它的气味，最开始的症状是一反常态地剧烈跳跃，20分钟内便蹬腿归西。

我国南方一些省区栽植的黄蝉，是夹竹桃科的一种直立灌木，它全身有毒。老鼠误食后，会出现血液和呼吸方面的障碍，全身抽搐不止，最终因心律失常而丧命。

老鼠筋，这种植物的驱鼠本领比较特殊，它的茎叶上布满了锐利的硬刺，把它的枝条放在老鼠洞口，老鼠因为出入不便，就会早早地安排举家搬迁。

还有一些植物，对老鼠来说，是望而生畏的毒药。如果将我们常见的豆科植物苦参的根切碎，加水煮沸一段时间后，用纱布滤过成苦参液，将窝窝头或馒头烤干研成细末，加入苦参液拌匀，然后放在老鼠经常出没的地方，老鼠吃了这种饵食，会立即中毒身亡。

将玲珑草、夹竹桃等植物的根、枝、叶切碎，掺到泥里，拌和均匀，做成拳头大小的泥块，塞到老鼠洞里。老鼠想从里面出来，就必须把泥块咬碎。但这些泥巴一旦进到老鼠嘴里，就会使老鼠中毒，老鼠走不了几步，就会一命呜呼。

还有，马鞭草科植物黄荆的新鲜叶和干叶，都是老鼠最不愿见到的东西。驱赶老鼠的法子是：将黄荆叶晒干，研成粉末后与碎木屑混合，点燃。这样，不仅可以熏走蚊子、苍蝇，而且老鼠闻到此味也躲得远远的。

另外，用黄荆的新鲜叶捣烂后取其汁，加入适量水后，喷洒在室内，夏天同样可以驱赶蚊蝇和老鼠，比用灭害灵好用多了。

用植物驱除和消灭老鼠，不但效果好，而且最大的优点是对人畜无害，对环境不会造成污染。

植物王国中的“枪炮手”

森林犹如社会，各种草木、动物共生于山野，弱肉强食。在严酷的生存竞争中，比动物相对弱小的植物难道就此忍气吞声吗？恰恰相反，经过无数代的自然选择和生存锻炼，部分植物进化出了先进的防御本领。

植物界的“枪炮手”，就是适者生存这一自然规律结出的硕果。

一些植物的防御武器不仅千奇百怪，而且杀伤力强大。

在欧洲南部和中亚细亚一带，生长着一种叫喷瓜的葫芦科植物。喷瓜与黄瓜的外形相近，苍绿色，长圆形或卵状长圆形，表皮粗糙，覆盖着黄褐色短刚毛。不同的是，喷瓜的果实内部充满了又湿又软的浆液，随着果实一天天成熟，果皮内的膨压也日趋强大。一旦成熟，这时的喷瓜如果受到触动，就会“砰”的一声爆裂，内部的浆液夹带着种子即刻喷射而出，恰如炮弹从炮膛中射出一样，可把种子及黏液喷射出 13 ~ 18 米远。因为它的“力气”大得像放炮，所以人们又叫它“铁炮瓜”，当地人也称其为“植物疯子”。熟知喷瓜秉性的动物，绝不会轻易靠近它。

让人称奇的是，喷瓜的果柄都一致向上倾斜，使喷瓜与地面构成 40° ~ 60° 的夹角，这也正是大炮射击取得最大射程的最佳角度。

生长在南美洲的沙箱树，可以说是威力最大的植物武器。沙箱树果实成熟后会爆炸，并且发出震耳欲聋的巨响，爆炸力相当于一枚小型手榴弹。爆炸时，它的外壳碎片弹片一样呼啸着散开，半径约 10 米。杀伤力极大，是名副其实的炸弹树。当地居民不敢把房子建在它的附近，过路的行人更不敢靠近它。

长在马粪里的小蘑菇，体积虽然很小，其纤维中的末端细胞，会在吸水后变成一个大肿包，孢子囊中有近 5 万个芽苞，到一定时候，孢子囊中的肿包分离，满是膨压的肿包会把孢子发射到天空，射程达 2 米左右，是其自身长度的 200 ~ 300 倍。

号称植物催泪弹的马勃，是一种大型菌类植物，外形似一个白色大皮球，重达 10 多千克，大多数马勃的直径在 25 ~ 30 厘米，最大的马勃直径可达 80 多厘米。马勃成熟后，若动物不小心触动了它，它就会发出炸雷般的“轰隆隆”声响，并冒出一股刺激性极强的黑烟。人若闻到会喷嚏频频、涕流不止、眼睛刺痛，恰似中了催泪弹，狼狈不堪。

马勃体内的黑烟，其实是它用来繁衍后代的数万颗粒的粉孢子。很久以前，南美洲的印第安人，常常利用马勃这种特殊武器，来对付殖民军队。他们先把敌人引到马勃丛生的密林中，自己隐藏起来，等敌人触到这些植物催泪弹而丧失战斗力时，再乘机反攻，消灭入侵者。

虽然我们周围见不到这些奇异的植物，但却不乏一些小小的“枪炮手”，如含羞草、凤仙花等等豆科植物。

9月份的含羞草，可是不敢乱碰。它的花期在每年的7～8月份，9月开始长出无数个2～3厘米长的荚果。在荚果的生长过程中，各种养料，尤其是糖类会被贮存到果实外层的薄壁细胞中，引起细胞外水分向细胞内渗透，于是细胞体积逐渐膨胀。当果实内部薄壁细胞层的挤压力与细胞的膨胀力相平衡时，只要稍加一点力，就会导致荚果迅猛地崩裂。所以，含羞草的种子成熟时，荚果已经变成了一包“炸药”，人畜轻轻一碰或者风力过大，荚果马上沿荚缝崩开，卷曲的果荚，会把种子弹射出5～6米开外。

其实，大部分豆科植物，都有成熟后炸裂的“暴脾气”，如大豆、豌豆、绿豆等，它们早在男孩子会玩弹弓以前，就会使用豆荚枪射击了。这些豆科植物的果实成熟后，内外果皮因收缩方向不同，产生强烈的旋转卷曲力，使果皮开裂，种子弹出。

凤仙花的名字听起来很温柔，甚至很妩媚，却很少有人知道，它还有个不温柔的名字——急性子。这是因为它和金雀花等植物一样，都具备不同的“发射”本领。让人惊叹的是，凤仙花种子的弹射力相当于20个大气压，是普通小汽车轮胎压力的十几倍。

自然界里，种子弹射距离的世界纪录，是原产北非的沼泽木樨草创造的。

沼泽木樨草是一年生灌丛状草本植物，开黄绿色小花，能散发出麝香气味。它的果实成熟后会像手枪射击一样把种子射到14米开外。

如此这般，一方面植物扩大了生存地盘，更主要的是借助弹射，为自己的后代寻找到了一方舒适的家园。

可见，植物具备的枪炮功能，除了防御动物的噬咬、践踏之外，还是一种保证有效繁殖后代的生态适应本领。

食品树拾萃

俗话说得好，出门七样事：柴、米、油、盐、酱、醋、茶。这司空见惯的与“吃”紧密相连的七样东西，假如我说它们都可以直接从树上取来，你是否认为我在开玩笑?

其实，在浩瀚的绿色植物界，不仅可以找到直接产“七样事”的树，而且诸如面条、白菜、面包、鲜奶等等美食，也同样可以从树上直接获取。柴就不必说了，因为我们称之为柴的东西，原本就是干枯的树枝。

在我国海南岛和西双版纳的林区，生长着一种棕榈科的高大树木——西谷椰子树，树干挺直，叶子很长，足有 3 ~ 6 米，终年常绿。树高约 20 米，树干两头细中间粗，远观如一枚巨型导弹，当地人称它为“米树”或老母猪棕。

这种树长得很快，10 年就可以长成 10 ~ 20 米高的大树，但是它的寿命却只有 10 ~ 20 年。米树有一个显著特点，一生中只开一次花，而且开花后不到几个月就死去。开花之前，树干内的淀粉含量丰富,并已达到峰值。为了及时收获大自然的恩赐，当地居民未等米树开花，就把它砍倒。树干内含有大量的淀

粉，用刀刮取后浸入水中，经沉淀、干燥后即可加工制成“大米”粒，吃起来比普通米饭还要香。一般一棵西谷椰子树可产“米”约200千克，这就是著名的西谷米。

说起油，树木中的油太多啦：核桃、松子、腰果、文冠果中，都可以提炼出高级食用油。此外，还有大量野生的油用植物，像山杏仁、榛子、打油果、板栗等，这些含油量颇高的植物，是人们获取食油的主要原料。

盐，也可以从树上直接取来。黑龙江与吉林交界处，有一种高7～8米的小乔木，叫木盐树。每年夏季，树干上就凝结起一层雪白的“盐霜”，用刀片将其轻轻刮下，其质量可与精盐媲美。这是因为木盐树生长在以钠盐为主要成分的盐碱地里，为了正常生活，木盐树的茎叶表面密布着专门排放盐水的盐腺，它会利用“出汗”的方式把体内多余的盐分排出去。

在新疆的塔克拉玛干盐碱沙漠里，生长着一种叫胡杨的树，树皮的裂缝间会排出大量的白色物质，人称“胡杨泪”。当地人在做馒头发面时，使用这种白色粉末与用苏打或碱面有异曲同工之妙。

醋柳，是生长在我国华北、西北地区的一种常见树木，其球状浆果在压汁浓缩后可以制成食醋，味道极为鲜美。

我国热带的著名树种“蛋黄树”，果子不单样子像鸡蛋，瓤的味道更像蛋黄。试想，进入热带雨林中，用蛋黄果炒西谷米，该是多么别致的一顿林中“蛋炒饭”啊！

海南省和福建厦门一带，生长着一种枝叶繁茂、四季常青的面包树，属桑科，树高超过10米，最高可达60米，大叶边缘有锯齿状的叶缘。十分特别的是，一片面包树的叶子简直就是一件艺术品，一叶三色，叶根为绿色，中间呈黄色，叶尖又是绛红色。当地居民喜欢用它编织成漂亮轻巧的

帽子。面包树雌雄同株，雌花丛集成球形，雄花丛集成穗状。果实小的像柑橘，大的如排球，在树枝上、树干上甚至树根上都结着又大又沉的果实，每个重 1~2 千克。

面包树的每个果实都是由一个花序形成的聚花果，其中央的花序轴肉质(即果托)富含白色面包质，是可食用部分。如果将这种果子放在火里烤一烤，味道与我们常吃的面包简直像极了！这种天然“面包”里含有多种维生素，营养价值很高。

面包树一年内可连续结果达九个月之久。一棵面包树结果时间长达 70 ~ 80 年，常常是一部分果子熟了，另一部分才刚刚发育。

当地人说，一棵面包树结出的面包，能养活两个人。另外，它的果实还可制作各种食品，例如果脯、果酱和果酒等。瞧，你如果在院子里种上一棵面包树，就如同建造了一座面包工厂，再也不愁没面包吃了！

在南美亚马孙河流域，生长着一种可产“牛奶”的树，叫索维尔拉。它四季常青，树干表皮光滑，树形高大。如果用利刃在树干上割开一条口子，很快就有白色的乳汁流出来，不久即可接满一瓶。这种白色乳汁不仅外观像牛奶，味道也非常接近，当地土著人在这种树的乳汁中加点水烧开，就做成了营养丰富、美味可口的“牛奶”。

南非的马达加斯加山区，生长着一种“面条树”，树干粗壮，叶狭长，5 月份开花，6、7 月份结果，果长可达 2 米，当地人称“须果’。成熟时，人们把又细又长的果实割下来，晒干后收藏起来，吃时放到锅里煮软，捞出来加上作料，一碗味道鲜美的“汤面条”便做成了。

如果您觉得这碗味道鲜美的汤面条，其色泽和营养还不够丰富的话，那就再加些白菜和西红柿吧，自然界还有产白菜和西红柿的树呢！

在云南省临沧县博山镇，有一种不足 1 米高的常绿树，树干如锄头把一般粗细，7、8 月份，树上便结出状如包心菜一样的“大白菜”，味道也足以以假乱真。有趣的是，摘掉一棵“大白菜”，不久，原地又长出一棵新的来。

西红柿大家都很熟悉，木本西红柿，却未必有几个人知道。

在云南省南部，生长着许多茄科的木本西红柿，果实与鹅蛋大小相仿，果皮有光泽，通常有深红和橙黄两种，味道、果形、颜色与我们常见的西红柿相差无几。

一株西红柿树大概能结 10 年的果子。

世界上有吃人的植物吗

我们已经知道了食虫植物全世界有 500 种左右，仅我国就有 30 余种。这些植物的叶子只能捕捉小虫，充其量可以捕捉到小鸟和田鼠，面对更大一点的动物就无能为力了，更别说能够“吃人”。

有关吃人植物的最早消息来源，是从 19 世纪后期的一些探险家那里传出来的，最有名的是德国人卡尔 · 里奇。他在 1881 年发表了一篇文章，说的是在非洲马达加斯加岛上，他看到了食人树。当地土著人很崇拜食人树。这种树有 8 片叶子，叶形大，长达 4 米，叶子下垂地面之端锐利如针，叶面有许多大而有毒的硬刺，树顶有甜汁溢出。

文中说：土著人驱使一妇女登树饮汁，饮毕欲下，然而身躯已被带刺的树叶包裹不复见，数日后，树下只见白骨一堆，树已食妇人毕。

此消息一经见报，即轰动一时，吸引了无数好奇者前往马岛探秘，却都无功而返。1972 年又有一批南美洲科学家组织了一支探险队，专程赴马达加斯加岛考察。他们在传闻有吃人树的地区进行了广泛的搜索，结果只见到了许多食虫植物如猪笼草和一些带有毒刺的荨麻科植物，其刺蜇人的确火辣辣的痛，但远不能够吃人。

时至今日，仍有许多人对食人树抱有好奇心，并一传再传。又有报道说在亚洲印度尼西亚的爪哇岛上也有可怕的吃人树，名叫奠柏。通常七八米高，它的枝条柔软，富有弹性，并且数目繁多，有的长长的直垂到地，有的像悬挂的电线，在微风中轻轻摇摆。如果有人不小心碰上它的一根枝条，树身就有感知，所有的枝条立即行动起来，将“猎物”紧紧缠住，这时树干和枝条还会分泌出一种很黏的液体，把人牢牢地粘住，直到饥饿而死，再腐烂化为植物的美食。

也有消息报道说，有的植物会与动物相互勾结，共同干起“吃人”的营生，“日轮花”就是这样一种恐怖的植物，与它相互勾结的，是生长在其附近的食人蜘蛛。

报道中称，日轮花长得十分娇艳，并飘散出兰花般的幽香，招引游人。花朵长在细长而坚韧的叶子中央，叶子长约 30 厘米。若有人忍不住想摘一朵花，无论碰到的是花还是叶子，只要日轮花稍有感觉，顿时，所有的叶子便会像乌贼的触角一样卷起来，把人的胳膊紧紧缠住，然后将其拖到潮湿的泥土中。这时，守候在日轮花附近的毛蜘蛛便蜂拥而上，爬上被捆的人身上开始吸吮和嚼，用不了多久，一个活生生的人便被可怕的毛蜘蛛吃个精光。

该报道认为，毛蜘蛛吃完人后排出的粪便是日轮花必需的养料。但是植物学家一直对吃人植物存在的真实性表示怀疑，因为，在所有发表的有关吃人植物的报道中，谁也没有拿出关于吃人植物的直接证据——照片或标本，也没有确切地指出它是哪一个科或哪一个属的植物。

1979 年，英国人艾得里安·斯莱克，这位毕生研究食肉植物的权威，在其出版的专著《食肉植物》中说：到目前为止，在学术界尚未发现有关吃人植物的正式记载和报道。

著名的德国植物学家恩格勒，主编了一本《植物自然分科志》，该书堪称植物界的权威辞典，其中也没有只言片语关于吃人树的描写。

除此以外，世界著名的生物学家华莱士曾经在南洋群岛，包括印尼的爪哇岛上考察了多年，写了一部颇有影响力的《马来群岛游记》，其中记述了不少南洋动物和植物，唯独没有食人植物的记载。

科学家认为，之所以会出现食人植物的说法，很可能是人们根据食肉植物捕捉昆虫的特性，经过想象和夸张而产生的，当然也包括根据某些未经核实的传说而误传。

从植物学的观点看，植物的躯体都是由根、茎、叶组成，这三部分器官在特殊环境下才有变态，能自己运动的很少。含羞草和跳舞草，虽然能够运动，但它们都是小草，无力抓人，更不会吃人，树木的主干、树枝、外皮是保护器官，也无法吸血。所以，到目前为止，科学家基本断言：会吃人的植物，是不存在的。

但是，关于吃人植物是否存在的谜团，现在还不能下肯定的结论。

一些学者认为，在目前已发现的食肉植物中，捕食的对象仅仅是昆虫和较小的动物，植物分泌出的消化液，对于这些小东西来说，也许如同汪洋大海，但对于小型动物和人来说，简直微不足道。因此，地球上是不存在吃人植物的。

但也有学者认为，虽然眼下还没有足够证据证明吃人植物的存在，但是不应该武断地加以彻底否定，因为科学家的足迹，还没有踏遍世界的每一个角落。

或许，食人植物，现在还隐身在那些沉寂的原始森林中，等待我们去探险……

千奇百怪的食虫植物

亚洲加里曼丹婆罗洲分布着世界上最多的食肉植物，在山体崩塌处等土壤贫瘠的地方随处可见，也有少部分生长在森林中，它们大部分是林中的攀缘植物。

这些食虫植物的叶子异化成特殊的瓶状、杯状、喇叭状、刺猬状和蚌壳状等，异化的叶子内含有丰富的酸性分解液和酶。可别小瞧这些无色液体，正是它们，将植物捕捉到的昆虫，进行分解和消化，为植物制造了可以吸收的液体肥料。

目前，世界上已经发现的食虫植物大约有 500 种左右，仅我国就有 30 多种。虽然它们有各种不同的捕捉昆虫的方法，但是消化昆虫的机制却几乎完全相同。

猪笼草，是一类常见的也让人惊叹的食虫植物，全球共有七八十种。“猪笼”有大有小，形状各异，瓶颈有长有短，粗细不同，瓶内可容纳2到3千克液汁。这种生长在印度洋群岛、马达加斯加、印度尼西亚等地的土著植物，因不堪忍受原生地的贫瘠（土壤呈酸性，缺乏氮素养料），逐渐进化出一种特殊的本领——通过捕捉昆虫等小动物来补充营养！穷人的孩子早当家，看来，不止适合人类，也适合于一种植物。

猪笼草吃蚊蝇等小昆虫的秘密武器是“捕虫笼”，捕虫笼由一片叶子异化而来，呈空心圆筒形，下半部稍膨大，外形像个猪笼。

捕虫笼的内壁会分泌出又香又甜的蜜汁，蚊子、苍蝇、蚂蚁等小昆虫自然会踏香寻来，满足口腹之欲时一不留神就会一头栽进笼底的水里，这时候想再爬出去，会发现比登天还难，因为笼壁内侧有一层蜡质，太光滑了。

爬上去又掉下来的悲剧，也不会上演太久，因为笼底的水里，不仅含有消化昆虫肢体的消化酶，还充斥着大量的麻醉剂，简直就是一“水牢”。可憎又可怜的蚊蝇，因为一时的贪欲，稀里糊涂地就成为植物的盘中餐。呵呵，这点很像一些人因某种欲望落入陷阱呢。

仔细看，猪笼草的捕虫笼口有一个近圆形的笼盖，很多人以为昆虫落入捕虫笼后，笼盖会马上关闭，但实际上，猪笼草的笼盖与笼身的连接是固定的，不可以活动，猪笼草也不会做出如此迅速的应激反应。当然，仔细看完上一段文字，就会发现它也没必要这样做。

笼盖，其实只起到雨伞和遮阳伞的作用。可以防止雨水过多地流进笼中，稀释笼底的消化酶和麻醉剂的含量；笼盖还能阻挡上部射入的光线，迷惑落入“牢笼”中的昆虫，让它们找不到出口。

与猪笼草拥有着类似捕食技巧的植物还有瓶子草等，只不过，捕虫囊的形状不是猪笼形而是瓶子状或其他形状。

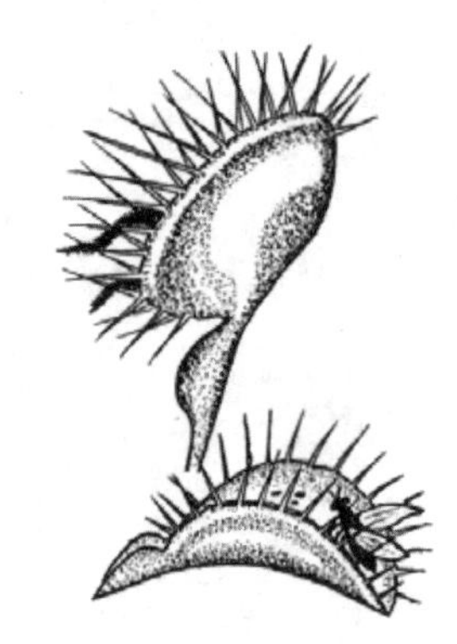

看来，植物是最先懂得使用“甜蜜陷阱”这一招的。

与猪笼草、瓶子草设陷阱消极等待，然后猎杀昆虫的方法不同，捕蝇草捕食蚊蝇的方法，要积极主动得多，也更类似于动物。

捕蝇草的叶子从中心部位抽出来，轮生的长相如一朵花。在老一点叶子的末端，会生出一个长 3~5 厘米、呈 60° 角张开的捕虫夹。这个由叶子特化而来的捕虫夹，乍一看像个蚌壳，也能像蚌壳那样闭合自如，巧在“蚌壳”的边缘，生长着非常规则的刺毛。有人觉得这排刺毛特别像维纳斯的眼睫毛，于是为捕蝇草起了个好听的英文名：Venus Flytrap（维纳斯捕蝇草）；在它所有的“猎物”中，以苍蝇居多，人们干脆就给它取名为“捕蝇草”。

张开的“蚌壳”内侧大都呈现出鲜艳的红色或橙色，“睫毛”的根部，生长着众多的分泌腺，会分泌出蚊蝇喜欢的美味。亮丽的色彩和好闻的气味，都是捕蝇草利用视觉和味觉诱惑“打出的广告”——快来这里就餐吧。贪嘴的蚊蝇飞奔而来，根本想不到是去赴一个死亡之宴。

捕虫夹的内侧非常艳丽，仔细看就会发现这颜色其实是许多微小的红点或橘红点，这些小点点的真实身份是捕蝇草的消化腺体。在捕虫夹内侧，还可以见到 3 对或 5 对细长的感觉毛，是用来侦测昆虫是否走到适合捕捉位置的“哨兵”。

当捕蝇草的任意一根感觉毛被触碰两次，或是分别触碰到两个“哨兵”时，“蚌壳”会在大约 0.5 秒内合起来，睫毛状的刺毛很快根根交错咬合，虫子就像是被关在上了锁的监牢里，插翅难逃。

被困的蚊蝇不动还好，越挣扎“蚌壳”越紧，直到呈现几乎密闭的状态。此时轮到消化腺开始工作了，分泌消化酶将猎物一点点消化，然后吸收，最后只剩下由几丁质组成的残骸。这个过程大约需要 5 ~ 10 天，之后，“蚌壳”再度张开，等待下一个倒霉蛋。

聪明的捕蝇草还会区分猎物是否为活物。苍蝇和一小截枯枝的区别，在于苍蝇会挣扎，捕蝇草是绝不会把精力浪费在对自己无用的杂物上。

若捕虫器误捉到杂物，或者是人为的跟它开玩笑扔沙子，只要没有持续的刺激，在数小时之后，“蚌壳”会重新打开，它才没工夫理你呢。

在沼泽、沙地，缺少氮、磷的生存环境中，大都分布着一群亮闪闪的植物，小的像指甲盖那么大，大的高有一米，种类繁多。它们共同的特征是，利用悬挂在身体上的“露珠”，魅惑蚊蝇，先粘住它们再消化吸收，以弥补生长环境内氮素养分的不足。

茅膏菜擒拿蚊蝇的“撒手锏”也是叶子，只不过叶子上附生了许许多多的助手——“腺毛”，一片叶子上有 200 多个“助手”，每个助手都头顶一粒晶莹剔透的“露珠”，大多为靓丽的红色。“露珠”不仅有美艳的色彩，还有芬芳甜美的气味。它是那样的精美，蚊蝇根本无法预料它会是致命的。

腺毛非常灵敏，每当有贪嘴的蚊蝇前来取食触动了腺毛，腺毛上美丽的“露珠”立即现出原形，竟是比胶水黏度大多了的黏液。被黏住了的昆虫当然不会善罢甘休，但恐慌中它的挣扎，会让叶子上所有的腺毛集体采取行动，一齐向昆虫所在的位置弯曲，有的种类叶片也会随之卷起，将虫子紧紧地包裹在其中——黏液很快涂满虫子的全身，将其活活溺死。

俘获猎物后，腺毛开始分泌含蛋白酶和磷酸酶的消化液，从这个时候开始，溺亡的俘虏真正成为茅膏菜舒心享用的大餐了，这顿大餐彻底享用完毕大约需要一周的时间。

和捕蝇草一样，茅膏菜也可以分辨出猎物的真伪，不会把精力白白花在那些无用功上。

提个醒，家中饲养茅膏菜的话，千万别用手直接碰触叶片，美丽的“露珠”，对人也有杀伤力。会引起皮肤烧痛、发炎，或者会让皮肤起泡。

即便是这样，茅膏菜也是一个弱小的种群，她们以极端的美丽聪慧，奇异的适应能力，顽强地站在贫瘠的荒野上，用独特美妙的方式，为生物界增色，与命运抗衡。

猪笼草、捕蝇草和茅膏菜都将目标群体定位在以蚊蝇为主的陆生小昆虫上，狸藻的吃货目标则是水生小虫，蚊子的幼虫孑孓和水蚤，基本上是它的主食。

在所有的食肉植物中，真正拥有“陷阱门”的当属狸藻。它拥有自然界最精确奇妙的捕食陷阱，它的捕食囊被一致公认为是植物王国中最精致的结构，同时捕食速度也是最快的。

狸藻的生长范围极广，除了南极洲，全球的湿地、沟渠、池塘甚至是热带雨林长满苔藓的树干上，几乎都有它的身影。狸藻大都成片生长，多数有漫长的花期，会开出娇俏可爱的小花。

狸藻数以千计的捕虫囊，就生在匍匐枝或者叶的基部，呈半透明状，大多呈扁球形，直径不到 1 厘米。

捕虫囊的开口处悬挂着一扇可以开合的大门——囊瓣，与我们常见的大门稍稍不同，狸藻的大门只能向内打开。大门的外侧长着几缕类似昆虫触角的感应毛。当孑孓、水蚤等小虫子被捕虫囊分泌的蜜汁吸引，或者它只是好奇，以为找到了玩伴来到捕虫囊口，一旦触及感应毛，原本半瘪的捕虫囊迅速鼓起，形成一股强大的吸力，即刻，大门打开，将水流连同猎物一起吸入囊中，并迅速关上囊瓣，整个过程只需百分之一秒。好家伙，堪与照相机的快门速度相媲美。

门，只能从外向里打开，囊中之物想出去，没门！

这时，捕虫囊开始分泌消化液分解猎物，其营养慢慢被囊壁吸收，多余的水分随后也被排出，狸藻的整个“用餐”过程大约为几个小时。之后，捕虫囊又恢复原状，等待下一批主动送上门的大餐。

有人计算过，狸藻的两次捕猎过程最快时间间隔为15分钟。呵呵，它的胃口可真够大的。多次捕猎后，沉积在捕虫囊内剩余的残渣，会使囊壁的颜色变黑，最终腐烂脱落。

这些植物之所以能吃动物，是因为它们大都生长在缺乏氮素的沼泽地带或酸性土壤上，在长期的生存竞争中练就出如此非凡的生存本领，形成了奇异的捕虫特性，通过消化动物体内的蛋白质来获取氮素营养，以满足生长的需要。

植物的生命曲线

茎背地生长而根向地生长——这是中学教科书中的内容。

的确，在我们眼中，大部分植物的茎，都是以直立的方式背地生长。但也有相当多的植物，像丝瓜、南瓜、牵牛花、羽衣茑萝等，它们的茎干是以螺旋的方式缠绕在其他物体上，旋转着一点点变长、变粗。

英国著名科学家科克曾把攀缘植物缠绕茎的螺旋线称为“生命的曲线”。仔细观察这些“生命的曲线”，你会发现一个有趣的现象，这些缠绕茎的螺旋方向，其实是大有学问的。

攀缘植物五味子绿色的藤蔓，恰似螺丝一样盘旋，无论是新藤，还是旧藤，一律朝右旋，即按顺时针方向缠绕着向前生长，生长方向的顺序是：由东——南——西——北。

除此以外，蛇麻藤、金银花、菟丝子、旋花、鸡血藤、葎草（俗名拉拉秧）等藤蔓植物，始终是右旋缠绕茎。

与之相反，盘旋在竹篱笆或绳索等支架上的牵牛花的藤蔓在旋转时，却一律遵循逆时针方向盘旋前进。如果人为地改变其旋向，缠成右旋，牵牛花在生出新藤条后，仍不改其左旋的“个性”。这样拥有左旋缠绕茎的藤本植物还有：紫菜、菜豆、牵牛、扁豆、马兜铃、山药等。

有左旋有右旋，还有极少数植物藤蔓的螺旋方向是左右兼顾的。如何首乌、葡萄枝蔓在生长时，就是靠卷须缠住攀缘架缠绕而行，其方向忽左忽右，既无规律也无定式，显得随心所欲。植物学中将这种茎称为左右旋缠绕茎。

为什么攀缘植物藤蔓的缠绕方向不尽相同呢？现在普遍是这样认为的：这是由南北半球的地球引力和磁线共同作用的结果。

一般认为，攀缘植物茎的缠绕方向与植物体内的生长素有关，生长素在低含量时促进生长，高含量时抑制生长。植物体内生长素分布的不均衡，导致了茎的横向生长速度不一致，从而产生螺旋式的攀缘生长，属于遗传学范畴。

那么植物体内生长素含量的高低，又受什么影响呢？答案是：太阳。科学家通过研究认为，植物生命曲线遗传的发生与地球的南北两个半球有关。

远在亿万年前，有两种攀缘植物的始祖，一种分布在北半球，另一种分布在南半球。这两种缠绕植物在生长的过程中，为了能够得到充足的阳光和良好的通风，紧紧跟随升起落下的太阳，久而久之，漫长的进化过程使它们各自拥有了自己的旋转方向。

而那些起源于赤道附近的攀缘植物，由于太阳当头而不需要定向缠绕，因此没有固定的旋向，随意性的缠绕便形成左旋和右旋兼而有之的植物。

所以说，植物旋转缠绕的方向特性，是它们各自的祖先遗传下来的本能。

通过本项研究可以推断，左旋攀缘植物起源于南半球，如牵牛花等缠绕植物的祖籍在阿根廷；而右旋植物起源于北半球，如五味子、丝瓜、豌豆等故乡在中国；左右旋兼备的中性植物如葡萄，其“鼻祖”该是生长在赤道地区。

其实，植物的生命曲线，不止表现在一些缠绕茎上，在那些高高大大的乔木中，其树干里的木纹，也证实了植物生命曲线的存在，并且与攀缘植物一样，北半球的乔木，木纹大多以右旋方向盘旋，而南半球的大树，它的木纹是向左旋方向盘旋的。

乔木中生命曲线最明显的例子要数松树，一般来说，在松树生长的大多数地方，通常刮西风。当西风吹向松树时，松树自身会产生一个向右旋转的力矩，久而久之，松树树干的木纹也会出现盘旋扭曲的生长现象，因此，哪里有西风劲吹，哪里的松树木纹盘旋缠绕的现象就越明显。

出现生命曲线对高大乔木的生长是极为有利的，因为树木在遭受暴风雨袭击时，凡是木纹呈盘旋缠绕的树木，它的弹性就越大，抗风暴的能力也就越强，因而不易受到破坏，时间一长，树木木纹的盘旋状态会以遗传信息保存下来。因此，乔木中树干呈盘旋扭曲的品种是抗风的优良品种。

分清农作物的左旋、右旋在实践中具有重要意义。若错把左旋植物以右旋方式缠绕在支架上，则很快就自行脱落；若绕的方向与其习性相同，则会缠得更紧，向上攀缘，生长发育良好。

神秘果记趣

走进我国热带植物宝库——西双版纳植物园，导游姑娘肯定会领你到一种其貌不扬、缀满小红果的常绿乔木跟前，然后微笑着让大家品尝。

仔细看眼前鲜红的小浆果，外形上并无稀奇特异之处，甚至有点像大一点的北方枸杞子。剥开红色的果皮，只见一层薄薄的白色果肉，包裹着一粒与身材极不相称的大种子。咬一小口果肉仔细嚼，只觉得稍稍有点甜味，其中也混合着些许酸涩，并没有什么特别的口感哦。

大约过了五分钟，就在大家心存疑惑时，导游姑娘让大家喝自己手中的矿泉水。奇怪！矿泉水什么时候变成了甜水？没有人往里放糖呀！

在大家满是好奇地询问后，导游姑娘才“故弄玄虚”地说出了谜底。原来，大家刚刚品尝的小红果，可以神奇地改变人的味觉！

也就是说，当你吃完小红果，之后再吃多酸的柠檬、多涩的橙子和多苦的柚子，味道全都变甜了。柠檬不再酸，橙子和苦柚也不苦涩了。即使你这个时候去喝醋，也感觉是在喝糖水，若喝的是啤酒或白酒，那感觉也分明是在喝甜酒呢。

如果不是亲身经历，绝对难以置信！

但的的确确是真的。因为，这种奇妙的小红果就叫“神秘果”。

神秘果树原产热带非洲西部，我国海南、云南、广西等热带亚热带地区有引种栽植。这是一种国宝级的植物，高三四米，是常绿灌木。长着倒卵形的绿叶，开白色小花，红色的果实外形椭圆。自然状态下，它一年开两次花，结两次果，如果管理得当，全年开花结果是不成问题的，所以人们赞誉它是“四季花果”。

神秘果为什么具有如此神奇的作用？

科学家已初步揭开了神秘果之谜。原来，神秘果里含有一种叫作“糖朊”的化学物质，也叫“变味素”，它就是能改变食物味道的糖蛋白，吃过之后，能使人舌头上的味觉神经暂时发生变化。

我们吃东西之所以有酸、甜、苦、涩、咸、辣之别，那是由于我们的舌头上有相应的味蕾感受器。神秘果进入人的口中，能神奇地暂时“关闭”（被麻痹、抑制）人们舌头上的大部分味蕾感受器，仅“开放”（兴奋活跃）主管甜味的感受器，因此，这时候吃所有东西，感觉都是甜的。

这种糖朊对部分味蕾感受器的麻痹和拟制作用，少则半小时，多则两个小时，以后便慢慢失效了。

在神秘果的原产地西非，人们很久以前就利用神秘果来消除椰子酒和果汁饮料中的酸味，调制甜美的面包和糕点，大部分人会用神秘果来调节食物的口感。正因为神秘果能够带给人这些神奇的味觉感受，因此被当地人冠以“味蕾魔术师”的称呼。

在西非，也有人把神秘果的果实加工后制成丸剂，拿到市场上出售，这种丸剂的口感和奇妙作用不亚于鲜果。它一经问世，对于医学界的震动是举足轻重的。研究者们正设法从神秘果中提取一种制剂，为糖尿病患者造福，因为它不仅不会增加患者体内蔗糖或糖精的含量，而且会满足糖尿病患者对于“甜”的渴望，让他们一饱口福。

吃了神秘果后吃酸水果，虽然味变甜了，可牙齿照样酸软而酥，因为人的牙齿不受果中糖蛋白的干扰。不过，没有关系，这也有解决办法。

在我国海南岛、西双版纳等地，生长着一种叫茄花紫金牛的树，它是一种灌木或小乔木，其嫩芽、嫩叶可以解除我们牙齿的酥软问题。如果先嚼几片紫金牛树的嫩叶，再吃多酸的水果，牙齿也不会感到酥软；或者牙齿变酥软后，再嚼它的嫩芽或嫩叶，牙齿也会慢慢解酥。这是因为紫金牛叶中含有一种碱性物质和单宁，这些成分对于牙齿的解酥，有非常特殊的作用。

这里，我们不妨假设一下，若能从神秘果和紫金牛树叶中提取出它们各自的有效成分，制成混合制剂，那么再涩再酸的食物，也会变得可口而味美了。

树林中绿色杀手

和人类社会一样，绿色植物的舞台上，每时每刻也上演着关于真、善、美与假、丑、恶的一幕幕话剧。林子里有助“人”为乐，不图回报的“雷锋”，也有贪婪成性，阴险恶毒的“刽子手”。

在风或鸟的帮助下，寄生植物菟丝子旅居至新地盘。

种子萌发钻出地面后，如“小白蛇”一样的幼苗，在空中画着圈生长。一旦碰到豆科、黎科植物寄主，马上将其紧紧缠住，然后顺着寄主茎干攀爬，并从接触寄主的部位伸出尖刺（吸器），戳入寄主直达韧皮部，吮吸里面的水分和养分。

大概是觉得自己的叶和根是多余的，菟丝子干脆让叶、根退化消失，不再主动进行光合作用。

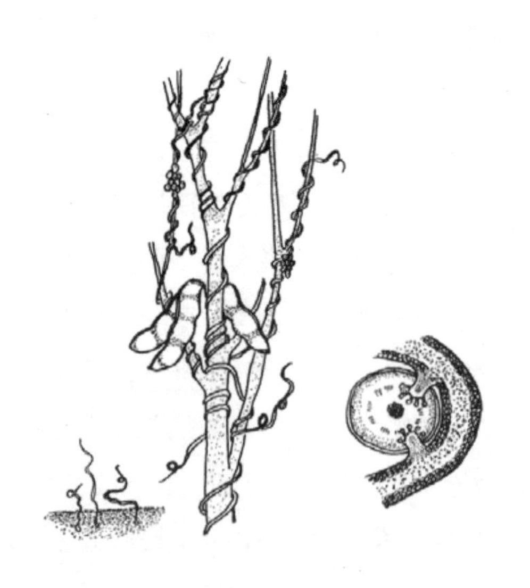

靠着寄主的营养，菟丝子不停地拔节、抽芽，萌生出许许多多的“小白蛇”，在寄主的枝丫上，每日以10厘米的速度生长，然后开花、结子。一株菟丝子，最终以3万颗种子的“骄人”业绩，完成一年生植物的光荣使命！

被吸干养分的寄主，渐渐凋萎夭折。菟丝子的种子有休眠作用，一旦农田被菟丝子入侵后，其危害会绵延数年。

“君为女萝草，妾作菟丝花。轻条不自引，为逐春风斜。百丈托远松，缠绵成一家。”

只可惜，对寄主来说，这种缠绵是致命的。

这种致命的缠绵，委实让菟丝子成为不折不扣的“植物吸血鬼”“绞杀藤”，农人和绿化工作者，看见后都要除掉而后快。

与菟丝子比起来，松萝可以称得上是森林中美丽的“刽子手”。这种地衣家族的成员，丝线般纤细的身体，如渔网般交织在一起，在微风中就像悬挂在树上一片片飘动的黄绿色纱巾。然而美丽的外表终归不能掩盖凶残的本性，松萝的猎物一般是高大挺拔的红松。

一旦选中某棵红松，松萝能够橡蜘蛛结网一般，快速将红松密密地包裹起来，夺走松树的阳光，堵塞松树的呼吸，还为许多害虫提供了栖身之地。用不了多久，不幸的红松即因养分衰竭而死去。

热带雨林不仅为花草树木提供了繁衍生息的沃土，而且为残害大树的绿色杀手，提供了藏身之地，这帮杀手拥有一个共同的名字：绞杀植物。

藤榕是最典型的绞杀植物。它的凶器，是悬挂在空气中的气生根。若这种气生根缠绕住某棵大树，那么这棵大树肯定难逃死亡的厄运。

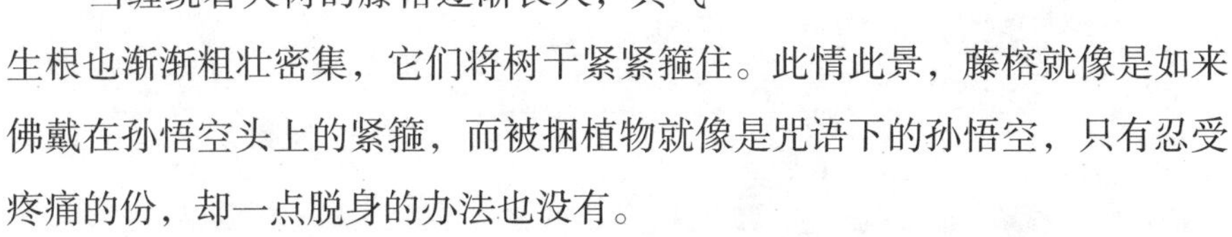

当缠绕着大树的藤榕逐渐长大，其气生根也渐渐粗壮密集，它们将树干紧紧箍住。此情此景，藤榕就像是如来佛戴在孙悟空头上的紧箍，而被捆植物就像是咒语下的孙悟空，只有忍受疼痛的份，却一点脱身的办法也没有。

藤榕的网状气生根越长越粗，死死捆住大树，使其无法喘气，并且还会派生出新的气生根，狠心抢夺大树的营养和水分。藤榕茂密的树叶，渐渐盖住了大树的树冠，将阳光据为己有，不给大树一丝生存的机会。大树精疲力竭，最终被藤榕绞杀而亡。

这场你死我活的绞杀战役，可以经历十多年乃至几十年。

当大树的生命一点点泯灭后，它的躯体会日渐腐烂，却依然为绞杀它的植物提供营养。随着时间的推移，藤榕树的网状气生根相互愈合，成为一个中空、外形别致的独立植物。

去西双版纳开会，在景洪镇街道两边行道树的位置上，我见到了这些绿色杀手独特的身影。想象它们步步为营，杀害一个比自己高大许多倍的大树，心头真是五味杂陈。不禁默默地为逝去的大树默哀。

绞杀植物不仅仅是我国西双版纳一道独特的风景，而且也是非洲、印度和马来西亚热带雨林中的常见植物。

绞杀植物没有腿，不会走路，它们是怎样跑到大树身边的呢？原来，“助纣为虐”的是林中的小鸟和小动物。它们吃了绞杀植物的果实后，种子穿肠而过，并没有被消化掉，即随粪便排出，有的撒落到树干、树枝上，有的掉在大树脚下。

这些种子，犹如科幻

电影《异形》中的怪物，随着时间的推移，终将夺取大树的性命。

绞杀植物以桑科榕属植物为最多。在热带雨林中，死于绞杀植物的乔木也很多，这些不幸的树有：菩提树、油棕、红椿、龙脑香、天料木和团花树等。

林中的“瘾君子”

提起美酒，相信许多嗜酒者都会垂涎欲滴，至于植物界的“酒徒”，或许还鲜为人知。

大千世界，有些植物被酒诱惑而去“偷”尝其味，还有一些植物，“喝酒”居然上瘾，说它们是植物酒徒，一点儿也不过分。

英国牛津大学莫德林学院里，曾经发生过一件有趣的事。

一桶波尔图葡萄酒贮存在地窖里，等到用时却发现，酒桶尚在，而桶内滴酒全无。是谁偷偷喝光了一桶美酒？查来查去，发现小偷竟是一株生长在地窖之上几米之外的绿油油的常春藤。瞧！它的根须依然扎进酒桶里，似乎意犹未尽呢。

原来，这株长在院墙外的常春藤，嗅见酒香后，它的根便不辞辛劳地穿墙而过，又伸入地窖，最后扎进酒桶里，天长日久，一桶美酒居然被它喝个精光，难怪它通体碧绿、身强力壮呢！

无独有偶，我在某晚报上看到一则消息，说一位退休的老先生，闲来喜欢养些花花草草，尤其喜养君子兰。养花中发生了一件饶有趣味的事，让他感慨不已。

一盆他侍弄了多年的君子兰，怎么也不抽箭开花。他咨询了养花专家，想过好多办法，都不能奏效。

一天，他端着半瓶啤酒在盆花丛中自斟自饮。一不小心，被身旁的虎刺梅挂住了衣袖，手中的半瓶啤酒一下子全倒进了那盆不开花的君子兰中。他想，这下这盆花该遭殃了，可令他意想不到的事情发生了。第二天，他发现那盆已经夹了箭的君子兰，开始抽箭了。几天后抽出的花序既高又粗，随后绽开花蕾，花儿开得又大又鲜艳。

老先生逢人便说，君子兰爱喝啤酒呢！

有些植物不光爱喝酒，而且喝酒还上了瘾，成了不折不扣的绿色“瘾君子”。

在日本东京葛饰区的帝释天佛寺内，生长着一棵高 10 多米，树干周长 1 米多的瑞龙松，据说这棵松树已有 370 岁高龄。

当地居民米山宗春一家三代视其为宝，每年春天，为它修剪完毕后，一定要在松树的四周挖 6 个大洞，每个洞内灌入米酒 10 瓶，约 10 多升。

米山宗春说，他们这样已经做了 10 年，如果哪一年不灌酒，这棵树便垂头耷脑，生气全无。为了这棵瑞龙松能够生长旺盛，他们全家每年都要让它过一回酒瘾。

的确，花谚中早有“人喝啤酒发胖，花喝啤酒发壮”“啤酒含的营养多，浇花花繁叶更茂”“切花喝啤酒，花期能长久”等说法。这是因为米酒、啤酒以及葡萄酒中含有糖、磷酸盐、氨基酸及其他营养物质，可以为大多数花卉的枝叶提供多种营养成分，难怪它们爱喝呢！

但是，正如世间有爱喝酒的人也有不爱喝酒的人一样，植物界有酒徒，也有洁身自好、滴酒不沾者。

巴西亚马孙河流域生长着一种草，叫测酒草，它对酒极为敏感，避之唯恐不及。喝过酒的人靠近它，即使口中存留的一点酒味也会使它的叶子“深感厌恶”地卷起来。

独木成林

常言道：单丝不成线，独木不成林。然而，自然界生长的神奇的榕树，却开了独木成林之先河。

榕树生性喜好温暖、湿润和阳光，我国南方大部分地区光照充足，雨量充沛，很适宜榕树安家。若到福州去玩，随处可见挂满气生根的榕树，福州也因此享有“榕城”之誉。

在榕城，榕树的气生根长得粗而且结实，当气生根向下生长接触到地面之后，根尖便钻入土里，如同树干似的又成为一棵新树。这样一棵紧凑一棵，便能聚集成一片片浓荫，成为阳光下一顶顶翠绿的华盖。所以，它的树干不是一根，而是几十、几百根，乃至上千根，如此庞大而旺盛的植物群体，谁能说它不是森林呢?

“小鸟天堂”是我国闻名遐迩的一个风景点，其实它不过是广东省江门市新会区的一棵大榕树。可它的树冠覆盖着 1 万多平方米的土地，树上栖息着数以千计的鹭鸟，因此被誉为“鸟天堂”。这里每天有无数游客慕名而来。

到云南旅游，我专门跑到德宏傣族景颇族自治州盈江县铜壁关自然保护区，跑到那棵有“华夏榕树王”之称的古榕树跟前，一睹其风采。

无数气生支柱根由主干自上而下，插入土里，又慢慢长成擎天大树的枝干，直冲云霄，分不清哪根是主干，哪根是气生根。但根根神采奕奕、器宇轩昂，散发出“森林之王”的恢宏气势。人站在树下，犹如榕树脚下的一株小草。

资料上说，这棵树的树龄有400年以上，树冠最高处距地面36米，已入土的气生支柱根108根，树冠覆盖面积3688平方米。居住在这棵古榕树上的植物有十多种：鹿角蕨、兰花、鸟巢蕨、苔藓、地衣和一些不知名的藤本植物，栖息在树上的昆虫、爬行类、鸟类动物更是不可胜数，是真正的“独树成林”……

在附近的芒市，有个“树抱塔”的景点，也让游人流连忘返。据说这座佛塔是600年前建造的，后来在塔上长出一棵小榕树，树的根须顺着塔缝扎入土中，等气生根长粗之后，竟把这座高8米的佛塔全抱住了。

你见过有生命的桥吗？在广东省佛山市顺德区桂州乡，有一座天生的榕树桥，这也是游客向往的观光胜地。

据说在200多年前，当地的木桥常常被洪水冲走，要重新架桥，费时又费钱。于是，一个聪明的当地人就在河边种下一棵榕树，等到榕树长出了长长的气生根，他就用毛竹把3条气生根牵引到河的对岸，气生根长粗之后，即在根上铺设木板，使之成为一座风格独特的“气根桥”

了。有趣的是，几年后，榕树又伸出一条4米多长的气生根，一直伸到河对岸，它比桥高出大约70厘米，正好供行人过桥时作扶手栏杆。

整个桥生机盎然，妙趣天成，令人过目不忘。

目前，称得上世界冠军的榕树，生长在孟加拉国的杰索尔地区，树龄已近千年。这个独木林的4300多条气生根中，有1300多条长得十分粗壮，犹如千根支柱，支撑着遮天蔽日的树冠。古书上记载，这株独木林曾容纳过一支7000人的大部队在此歇息，士兵们在树阴下乘凉和歇脚。

在这棵巨大的榕树上，还附生着许多苔藓、兰草、石斛和藤蔓。树杈里，开放着一簇簇热带兰花，阵阵清香沁人心脾，俨然一座人工巧设的空中花园。

如今，林下芳草茵茵，草地上聚集着贩卖瓜果和蔬菜的小商贩、供应糖果点心和面包的甜点师，还有吹拉弹唱的、打拳健身的、玩杂技的……一棵大榕树下，居然形成一个热闹的集市，附近的居民都爱赶到独木林中选购商品，避暑纳凉。

李纲在《榕木赋》里这样描述榕树：夏日方永，畏景驰空，垂一方之美荫，来万里之清风。靓如帷幄，肃如房栊，为行人所依归，咸休影乎其中。

的确，独特的榕树，不仅是一幅自然界绝妙的画卷，更是动物，包括人类的乐园。一棵榕树伸展出来的气生根，犹如它的子子孙孙，可以代代相传而永葆青春。

成千上万条气生根，条条钻入土中，彰显生命不息、蔚然成林的恢宏气势，让每一个看到它的人，无不肃然起敬。

“纵火犯”和“灭火器”

世界各地的森林火灾时有发生，然而，森林火灾并不全是人为造成的，植物王国里也潜伏着“纵火犯”，这可不是耸人听闻。

1983年2月16日，这个日子是以火的字母记入澳大利亚史册的。

这一天里，竟然有数以百计的森林突然燃起了熊熊大火，火焰几乎吞噬了50亿平方米的林地和数十万头牲畜。这场漫天大火给澳大利亚带来巨大的灾难。尤其是维多利亚和南澳大利亚州，损失更为严重。

这同时发生的数十处大火不可能都是人为造成的。经过仔细调查，科学家对这场森林大火的起因做出了令人震惊的结论：引起这场罕见森林火灾的“纵火犯”，原来是林中高大挺拔的桉树！

2月份，正是澳大利亚的夏季。在火灾发生的前一段时间，澳大利亚大陆南部遇到了百年不遇的旱灾。2月中旬，许多地区的气温持续在40℃左右。罕见的高温，使桉树体内的香精油大量渗出体外，正是这些外渗的香精油发生了自燃，从而引起这场森林大火。

在南亚大森林里，多年来不断发生着神秘的森林大火，尽管护林人和当地政府采取了许多火灾防范措施，可大火还是将一片又一片的森林烧毁，令人心痛不已。

蹊跷的是，森林大火之后，人们始终找不到纵火者的痕迹。侦破工作历尽周折，后来终于发现，“纵火犯”乃是一种名叫“看林人”的花。

这种花的花蕾和叶子中，富含一种燃点极低的芳香油脂，当森林中空气干燥并且温度较高时，便会自燃，由此造成森林火灾。看来这种花的名字也太不合适了，应该换一个称呼，比如“燃林人”什么的——不仅符合它的“罪行”，还可以引起人们足够的重视。

生长在摩洛哥、西班牙中部山区岩石上的岩蔷薇，生存环境无疑是恶劣的，在与炎热斗、与贫瘠斗、与同伴斗、与狂风雷电斗的峥嵘岁月里，岩蔷薇练就了自燃的本领——把自己和周围的植物一并烧成灰烬，为下一代赢得宝贵的生存空间。

从种子钻出地面开始，岩蔷薇的叶片里，会持续分泌一种类似于香脂香气的挥发性精油。当岩蔷薇觉得自己的种子快要成熟时，她会将枝叶里挥发性精油的储量增加到几近饱和。这个时候，一旦遇上干燥的晴天，外界气温超过32℃时，在“导火索”骄阳的照耀下，岩蔷薇就会把自己燃烧成一把壮烈的火炬！

星星之火，可以燎原，更何况是高温下刻意燃烧的火炬！

在这场蓄意的纵火案中，牺牲的不仅仅是岩蔷薇妈妈，生长在她周围的植物，都无一幸免。因为，自私而无畏的岩蔷薇妈妈知道，岩石上的生存空间寸土寸金，谁能占领空间，谁才能获得生存。因此，在给自己的孩子穿上“防火服”（种子壳外的隔热层）后，岩蔷薇妈妈毅然决然地选择了自杀式燃烧，这需要多大的勇气哦！或许，她更懂得“退一步海阔天空”的道理。

这自私而无畏的妈妈，在用自己的生命为孩子换来生存空间后，还不忘化作草木灰，滋养孩子的未来，从这个意义上看，母爱真是太伟大了！

这些混迹于绿色王国中的“纵火犯”，因其非常隐秘和性质特殊，的确不易被人们发现，但它们所潜藏的危险，却实实在在该引起森林从业人员的警惕，在干燥高温季节，及早采取行动，防患于未然。

树木的自燃，对森林来说，也不全是坏事。对一些植物来说，火就和水、土壤一样不可缺少。自燃，不仅可以控制森林幼树生长的数量和速度，而且能淘汰一些病树、枯枝，为森林中各种树木的快速成材提供适合的空间。

比如短叶松，生长 25 年时种子成熟，但必须有大火将其烧断，短叶松才能抛出数千颗带翼的种子，否则它就无法繁衍后代。

美国黄石国家公园里的森林，在自然状态下，每隔 5~20 年就会自燃起火，但是该公园在得到人工保护后，80 年间未发生过火灾。然而，这看似一团和气的背后，却导致了此地森林的生长过缓，新生林减少。1988 年的那场大火，不仅没有毁灭黄石国家公园，反而让该公园的森林，从此充满了勃勃生机。

可见，草木的自燃，不是我们表面上看到的自我毁灭，而是一种更有意义的重生。

令人称绝的是，植物王国里有让人担忧的“纵火犯”，也有奇妙的植物灭火器。灭火植物中的老大，当属生长在非洲安哥拉西部热带雨林中的梓柯树了。

这种树树形高大，枝繁叶茂，细长的叶片向下垂挂拖曳，长达 2.5 米，犹如姑娘的长辫子，把全树围得密不透光。梓柯树是一种多年生常绿乔木，它那神奇的灭火功能是不久前才被科学家发现的。

科学家曾做过有趣的实验，在这种树木的底下用打火机点烟。当打火机的火光一闪，无数白色的液体泡沫就从树上披头盖脸地喷洒下来，弄得实验者满头满脸的白沫，身上的衣服打湿了，打火机的火苗也立即熄灭了。近距离观察，会发现在梓柯树的枝条间和浓密的叶丛中，长有许多拳头般大的球状物，这就是它的自动灭火器，植物学上称之为节苞。

节苞上有许许多多的网状小孔，形如莲蓬头上面的小孔，只不过节苞上的小孔冲下，小孔里装满了透明的液体。神奇的是，这些透明的液体里，竟然含有大量的四氯化碳。而人类使用的灭火器，大多也是四氯化碳灭火器，难怪它能灭火。

一旦附近出现了火光，梓柯树就立即对节苞发出行动指令，树上的节苞就会猛然喷射出液体泡沫，将火焰扑火，从而使即将燃烧的森林转危为安。

“盖房子要用梓柯树，不怕火灾安心住。”难怪非洲安哥拉西部流传着这样的谚语呢。

我国南方生长着一种茶科树种叫木荷。这种树的含水量很大，占树体总重量的43%左右，生长旺盛的部位和树皮中，含水量更大，而油脂含量仅为6%。一旦林中着火，火烧到这种树时会自行熄灭，靠近火焰的木荷，有30% ~ 50%的树叶被烤焦，但树身绝不至于死去。

木荷的生命力很强，烤伤的树枝，第二年可以萌发出新叶，它是近年来用以研究建设森林防火带的重要树种，故又有人称它为“抗火树”。

生长在澳大利亚西部特见城境内的喷水树，也可以称得上灭火植物中的佼佼者。

这种树之所以会喷水，全靠粗壮繁密的树根，它们犹如一台台安装在地下的抽水泵，而粗壮的树干就是贮水罐。一旦附近有火情，消防人员只要在树干上挖一个小洞，树干中的水就像自来水一样自动喷出，供人们应急灭火。

花之最

到目前为止，人们所发现的世界上最大的开花植物，是生长在美国加利福尼亚州的巨型中国紫藤。这株紫藤最长的藤条长约160米，重达260吨，整株紫藤枝叶的覆盖面积约为4100平方米，每年大约可绽放150万串花。紫藤的花序呈圆锥形，远观像一串串紫色的风铃，秀丽雅致、清香迷人。

世界上最小的开花植物，叫无根萍，一般漂浮在池塘和稻田的水面上。它们就像一粒粒绿色的细砂，比芝麻还小，直径只有针孔那么大，要靠显微镜才能看清楚。由于它太小了，人们对它的了解还很不完全。

世界上单朵最大的花，是原产苏门答腊的一种名叫大花草的大王花。号称花中之王的大花草，其模样非常古怪，既没有明显的根，也没有茎和叶，一生中只开一朵巨大无比的花，开花后四五天就会死去，我们在前文已经知道了，它是一种闻起来巨臭的寄生植物。

大王花平躺在地面上，足足有一张供四人就餐的圆桌那么大。每朵花开5瓣，每片花瓣长约40厘米，一般花朵直径都在1.5米以上。最大的花朵直径可达1.8米，重量达50多千克。花朵中央的大蜜槽，好像一只大脸盆，可以盛下5千克水，甚至可以容纳一个3岁左右的小孩。然而，大概没有哪个小孩愿意钻到那么臭的花中去捉迷藏。

大王花的花瓣是鲜艳的红褐色，并有许多淡黄色突起的斑点，犹如红丝绒上镶嵌着淡黄色的钻石，华丽夺目。组成它的5个花瓣又肥又厚，含有很多浆汁。

大王花开始像个小黑点，寄生在藤蔓上，不仔细看就不能发现它。经过 18 个月的孕育，那个小黑点，才能变成深褐色的花苞。由于花朵太大，大王花的花苞要吸收 9 个月的营养，才开始开花，整个开花过程要耗上几个小时，由于从花苞到绽放的时间太长，许多大王花还没盛开就夭折了。

大王花在刚开放时还能闻到香味，但过不了多久，就会变得如腐尸般恶臭熏天。这种恶臭会吓走草食动物，却会引来大批蝇虫。依靠它们传粉，大王花得以顺利繁殖。大王花也有雌雄之分，所以必须有两朵不同性别的花朵同时开放，才能传粉并孕育种子。

大王花只适合生长在高度介于海拔 400 ~ 1300 米的森林丘陵地带。它不仅巨大和恶臭，而且还有一些与众不同的习性，它没有严格的开花季节，也没有根、茎和叶。迄今为止，科学家还不清楚它的种子是如何发芽和生长的。同时，也无法解释它如何靠寄生生存。

唯一可以确定的是，它的底部的丝状纤维物，散布在葡萄科植物的藤蔓上，以吸取养分。它的移栽和种植都非常困难，而且对环境的要求也很苛刻，所以在世界各地的植物园，也是难得一见的。

世界上最香的花，是产于荷兰的白色野蔷薇，奇香无比，香气可随风传到 5000 米以外。

世界上最不怕冷的花，是产于中国的雪莲，即使在 -50℃，也依然傲雪怒放。

世界上最耐高温的花，是非洲的野仙人掌，它可以在地表温度高达 70 ~ 80℃的灼热沙漠里茁壮生长，开花繁衍。

热带兰是世界上开花寿命最长的花，放在室内可开放 80 天。

最短命的花不是昙花，而是小麦花，有时它只开几分钟就凋谢，是花卉中的“薄命红颜”。

中国是世界上的花卉大国，世界上许多名花都起源于我国。

以下，是中国花卉的世界之最：

花卉种类最多。据统计，我国有杜鹃花650余种，占全球杜鹃花种类(共850多种)的80%以上；报春花390余种，占全球报春花种类(共500多种)的78%；龙胆花330余种，占全球龙胆花种类(共400多种)的83%。世界许多国家，特别是欧洲国家都盛赞："没有中国的花卉，便不成花园。"

最早的玫瑰产地。考古工作者在山东省临朐县的古地层中，发现了玫瑰化石，该化石距今已1200万年，是世界上迄今为止发现最早的玫瑰化石，表明在我国的黄河流域生长玫瑰的历史源远流长，至少已有1200万年。

最早的郁金香产地。过去对于郁金香的来源，曾有不少争议。但现在人们一致认为，中国新疆、西藏才真正是郁金香的故乡。2000多年前，郁金香通过丝绸之路由我国传入中亚。目前栽种的郁金香已不是原种，而是经过园艺师，尤其是荷兰的园艺师长期培育的栽培品种。

最早栽种菊花。提起菊花，人们不禁会想到战国时屈原的《离骚》中的两句话：朝饮木兰之坠露兮，夕餐秋菊之落英。《礼记》中也有：季秋之月，鞠(菊)有黄华。说明在2000多年前，我国就开始栽培菊花了，且品种繁多。公元900年前后(唐朝末期)，菊花才开始经朝鲜传入日本，至1688年，东方的菊花首次传到欧洲荷兰。

栽培牡丹最多。牡丹原产我国西北，现陕西、甘肃、四川、河南等地的山中仍然可以见到野生品种。我国唐朝时开始栽种观赏牡丹，北宋诗人梅尧臣写道："洛阳牡丹名品多，自谓天下无能过。"唐代诗人白居易在《牡丹芳》中曾咏叹道："家家习为俗，人人迷不悟。"可见牡丹那时已普及到家家户户，品种之多自不待言。这与植物学家研究所得的结论也完全一致：中国是世界上牡丹花最多的国家。

千奇百怪的树

在茫茫绿海中，蕴藏着无数林中瑰宝，它们巧夺天工又奇趣天成，令人无限神往！

连理树：又叫夫妻树，我们常以“在天愿作比翼鸟，在地愿作连理枝”来比喻坚贞的爱情，连理枝已是少见，连理树自然使人叹为观止。

在我国闽北建瓯市万木林自然保护区内，有两棵若即若离的大树，一棵主干红色，状如身披红色风衣；一棵主干绿色，恰似身着绿裙。这两棵树在离地面不到50厘米，就紧紧地贴在一起，然后分开，在5米高处，又合抱起来。而且从树形上看也颇有趣，那“红衣汉子”竟然身材强壮，皮肤粗糙，颇有大丈夫气概；而那“绿衣少妇”躯干光滑圆润，体形颇婀娜秀丽。两者如影相随，相得益彰。这对伉俪中，“红衣汉子”是樟科大叶楠，“绿衣少妇”是山毛榉科的米槠。

能长“鞋子”的树：在利比里亚东北部，生长着一种能长“鞋子”的树。这种树高30多米，树叶上生着一块长方形的硬底板，叶子的四周则附生着一片青色的叶衣，恰如鞋子的鞋帮，这样，每片叶子都是一只鞋子。叶子有大有小，这样的鞋子，自然适合各种尺码的脚丫。每逢下雨天或者要出门走远路时，当地居民就去摘下两片叶子当鞋穿，既方便、舒适，而且防水又耐磨。

无影树：杏仁桉是澳大利亚的一种奇异的树。去这个国家旅游，若正赶上炎热的天气，找个树林凉快一下该多好。不过，别指望到杏仁桉的林子里去歇凉，因为林中几乎没有树阴，树的下面依然阳光普照。怎么回事呢？找个小树看一看就知道了。

原来，杏仁桉的树干光滑，所有的叶子都密密地生长在树顶上，并且在树枝上的长相也与众不同。杏仁桉的叶子，不像一般树叶面朝上冲着太阳，而是“腼腆”地侧着身子，并且随着太阳的移动而偏转。它不断地调整角度，始终把薄薄的叶片边缘对着太阳。由于它的叶子全都侧对着太阳光，叶面一点也遮不住阳光，所以整株树除了树干，在地上几乎投不下一点树阴，因此人们称它为无影树。

无影树的叶子之所以长成这样，与当地的气候条件有密切的关系。澳大利亚中西部气候异常干燥，白天阳光暴烈，温度很高，树木的蒸腾量极大，而叶子表面侧对太阳，可以避免阳光的烤灼，大大减少水分的蒸腾。

箭毒树：在我国广西、海南和云南的西双版纳，分布着一些当地人称“见血封喉”的桑科高大乔木，该树的各个部位都可以产生剧毒的白汁。如果人和动物的皮肤碰破，再沾上了这种毒液，血液很快就会凝固起来，人最终会因心力衰竭而死去。

傣族人过去狩猎时，常把这种毒汁涂在箭头上，野兽只要被射中，无论射中的是什么部位，都无一幸存。对这种毒箭，当地有一种说法：七上八下九不活。意思是野兽被涂有箭毒树汁液的箭射中后，向上坡跑，只能跑七步，下坡也只能跑八步，到第九步时准毙命。

自杀树：毛里求斯岛有一种棕榈树，能活 100 年，每当末日来临，它就用整整一天的时间，把树叶和花朵全部散落，然后干枯而死。

捕蝇树：在南美一些地方，居民们把一种名叫“罗里杜拉”树的叶子，挂在客厅或厨房的墙壁上，既美化环境，又消灭苍蝇。这种树叶会发出一种特别吸引苍蝇的气味，苍蝇飞落到树叶上时，便被叶面上的胶牢牢粘住。

树皮如布的树：在南美洲巴西，生长着一种叫“特拉”的树，它的树皮可以完整地剥下来。把剥下的树皮浸入水中，再取出用木棍轻轻捶打，使之平展后晾干，就可以像布匹一样缝制出柔软结实的衣服了。

放电树：印度有一种树，既能蓄电又能放电，中午电流较强，半夜电流较弱。假如人们从树旁经过，一不小心碰到它的枝条，立刻就会被它的电流所击，虽然不会致命，但也不会好受。

蝶树：在美洲有一种树，叶片的形状和颜色都像蝴蝶，因此被称之为“蝴蝶树”。

指南树：马达加斯加生长着一种奇特的烛台树，树高 7 米多，树干上长着一排排细小的枝叶，这种树不论长在哪里，也不论长多高，它细小的针叶总是指向南方。

此外，还有滴血树、哭树、音乐树、蜡烛树、味精树等奇异的树，没有被发现的奇树还有更多，期待着人类用慧眼去发现。

目前，世界上体型最大的树，当属生长在美国加利福尼亚的巨杉，它号称“世界爷”，身高超过 100 米，最粗的巨杉树干直径约有 12 米。有的地方公路被巨杉挡住，人们就在此树基部，挖个隧道，汽车可以毫无阻碍地从中驶过。

目前，地球上最长寿的树是生长在大西洋岛屿上的龙血树，活到5000岁或6000岁，也只能说是树到中年。早在500年前，一位西班牙人在位于非洲西北部大西洋中的加那利群岛上，测定过一棵龙血树，估计它的年龄在8000岁到10000岁。但是，这棵树在1827年遭遇强暴风雨的袭击时死去了，这可能是目前所发现的年龄最大的树木了。

目前，地球上发现最高的树，是前面所提到的生长在澳大利亚的无影树——杏仁桉。这种树，一般都可以长到100多米高，人们曾经发现过一株最高的杏仁桉，高达156米，足有50层大楼那么高。

植物界的“游牧族”

在人的印象中，一株植物一旦在某个地方发芽，便要永远以此为家，直至生命的尽头，“人挪活，树挪死”嘛。然而，特殊的环境，可以造就另类植物，这些另类植物，就如同人群中的游牧族，居无定所，终生漂泊。

南美洲秘鲁的沙漠里，生长着一种会走路的仙人掌。这种仙人掌的根由软刺构成，在沙漠劲风的吹拂下，会一点点往前移动，遇到较为湿润的生长环境，便安家落户。一旦脚下的沙土变得干燥贫瘠时，它会又一次在风中启程，终生过着“游牧”生活。

日本有一种比缝衣针还小的蘑菇，这种菌类植物，也会慢慢爬行。它

的活动场所，是潮湿的大树树皮。在其缓慢的爬行中，如果发现合口味的食物，便用柔软的躯体将食物缠起来，慢慢享用，“酒足饭饱”后，会再次踏上新的旅途。

在我国辽阔的东北草原上，有一些被称作“流浪汉”的植物。春夏它们同其他野草一样茂盛地生长。秋天里，渐渐枯黄的草原，敲响了“流浪汉”又一季漂泊的钟声。这个时候，你可以看到草原上随风滚动的球状枯枝。可别以为生命已离它们而去，那是风滚草在奔跑中播种繁衍呢！

风滚草包括猪毛菜、刺藜、分叉蓼、含生草、防风等 10 多种植物。它们有一个共同点，那就是分枝众多，成熟时枝叶团团环抱成大圆球。当萧瑟的秋风来临时，正值收获季节的这些植物，靠近地面的茎部，会变得脆弱，在草原劲风的吹动下，“圆球”很容易掉下来。于是，风中的草原上，随处可见顺风前进的风滚草。草球滚呀滚，一直可以滚上几千米、几十千米，甚至更远。

随手捡起一颗风滚草，你会发现草内其实有许许多多又小又轻的种子，在果实的开口处，长有密密的绒毛，它们的作用是使种子不至于很容易就掉下来。圆球在滚动中，不断与地面发生撞击，种子便一粒粒从绒毛中洒落。

一棵风滚草，仿佛一架天然播种机，在轻松的“浪迹天涯”中，把种子散布到广阔的草原上。唐代著名的诗人李白在《送友人》中有“孤蓬万里征”的诗句，借用的就是风滚草随风翻滚、远征万里的情景。

最为绝妙的，是一种美洲跳豆，这种貌不惊人的豆子，会魔术般地自己跳动。原来，会跳的豆子里都藏有蛾卵孵化成的幼虫，幼虫吃掉了豆内一部分子叶，就开始在豆子里蹦跶。幼虫的蹦跳带动豆子也蹦跳起来。不明就里的人，从外面看上去还以为是豆子在跳呢。

失去部分子叶的豆子，并不影响其发芽力，这样，豆子借助于蛾幼虫的跳动，得以蹦到更远的地方，生根发芽，开始新的生活。

“九死还魂草”，顾名思义，它生命力一定非常强。这种草生长在人迹罕至的荒山野岭，附着在干旱的岩石缝隙里。它的植株并不高大，不过5～10厘米的样子，主茎短而直立，顶端丛生小枝，地下长有须根，扎入石缝中间，远远看去很像一个小小的莲座。扁平而分叉的小枝辐射展开，它的叶子很小，密覆于扁平的小枝上。

这种植物非常奇特，当气候干旱时，枝叶会卷缩起来，整个植物体也变得枯黄焦干，没有一点水分，犹如死去一般。一场雨水过后，它又会奇迹般地“苏醒”过来，黄叶返青，生机勃勃。

由于生长在干旱的石崖上，非常难以得到水分，因此，在它的一生中，会历经多次“枯死”和“还魂”，人们叫其“九死还魂草”是非常贴切的。

“九死还魂草”的植物学名叫卷柏，是一种蕨类植物。

美洲的卷柏更有意思，干旱的时候，卷柏会蜷缩成一个圆球，借助风力东滚西滚，滚到有水的地方，就安营扎寨、养精蓄锐，当新营地变得缺吃少喝时，它就又开始旅行了，因此，也有人称卷柏为旅行植物。

卷柏有着顽强的抗旱本领，它在含水量降到5%以下时，仍然能保持生命力。有人曾把压制多年的卷柏标本浸在水中，它竟然也能“还魂”！

卷柏的分布很广，我国各地都可以找到，它多生于裸露的山顶岩石上。全株可供药用，是一种收敛止血剂，可用于治疗脱肛、吐血、出鼻血及跌打损伤性出血症和刀伤。

用卷柏做成的干粉，还是一种美容剂。将鸡蛋清加入其中调服，能使面颊光洁，防止和减少斑、痣的发生呢！

有意义的植物全息现象

全息，是 1948 年物理学家戈柏和罗杰斯发明了光学全息术后提出的一个概念。

在物理学上，全息的概念是容易弄懂的。例如，将一根磁铁裁成几段，每一段都是一个南北极齐全的小磁铁，即每一个小磁铁与它原来的整根磁铁全息。

所谓的植物全息现象，是指植物体每个相对独立的部分在化学组成上与整体相同，各部分具有相关和相似性，是整体的比例缩小。科学工作者已经从植物的形态、生化和遗传学方面找到了论证的实例，并在实践中认识了全息现象在遗传势及形态结构上的相关性。

留意一下水杉树，它的每一片叶子，由羽状的叶片和短短的叶柄组成，并且整片叶子呈现上小下大的形状。当你把这片叶子竖起来再与水杉树对照，会发现它们是多么相似，只是比例的大小不同而已。

再瞧那棵棕榈树，它的一片叶子，由扇形的叶片和长长的叶柄组成。当把一片叶子竖立在地上与整个植株外形相比时，就会发现，它们的外形是多么的一致，只是比例的大小不同而已。另外，银杏、木槿、玉兰等植物的叶片，与全株也基本全息。一只倒立着的梨子，其外形与整体果树的形象，也是吻合的。

叶脉的分布形式与植株分枝形式也是全息相关的。如小麦、芦苇、菖蒲等具平行叶脉的植物，它们的主茎基本上无分枝，相对独立的植株，都是从基部或下部分枝；相应的，叶脉呈网状的植物，从外形看，它们的分枝亦多呈网状。

在植物的生化组成上，也有明显的全息现象。例如，高粱一片叶子上的氰酸分布形式与整个植株的分布形式相同。在整个植株上，上部的叶子含氰酸较多，下部的叶子含氰酸较少；在每一片叶子上，也是上部含量较多，

下部含量较少。

有趣的是，在进行植物离体培养时，也发现了植物的全息现象。

将洋葱的鳞片消毒后，用来离体培养，发现鳞片的基部较易诱导产生小鳞茎，即使把鳞片从上到下切成数段，同样发现小鳞茎的发生，都是在每个离植段基部首先产生，且每段鳞片上诱导产生小鳞茎的数量，也遵循由下至上递增的规律。

洋葱这种诱导产生小鳞茎的特性，与整株生芽特性相一致，呈全息对应的关系。

在植物组织培养过程中，以非洲紫罗兰、芦荟、甜叶菊和彩叶草等多种植物叶片为外植体，进行同样的试验观察时，都能见到这种全息现象。

植物全息的规律，应用于农业生产实践，已结出了丰硕的果实。

在马铃薯的栽种过程中，人们习惯以块茎上的芽眼挖下作为种子。但是千百年来，人们并没有考虑到块茎上的芽眼之间的遗传优势差别。根据植物全息理论，这些芽眼之间肯定有特性的区别。

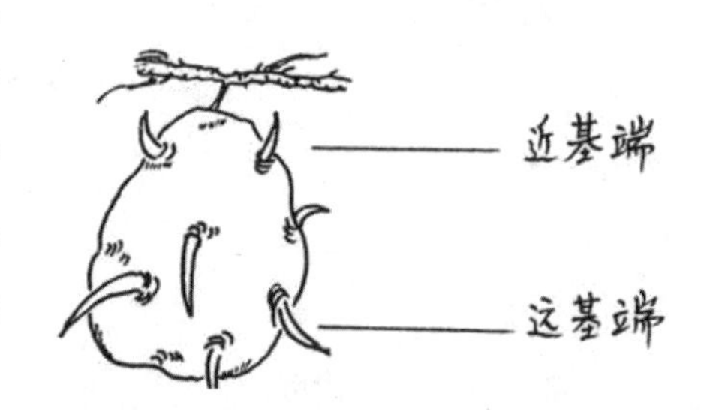

马铃薯长在全株的下部，那么对应于全息的块茎来说，它的下部(远基端)芽眼的特性也一定较强。为了证实此推断，科学家做了以下实验。

分别以“蛇皮粉”“同薯8号”“跃进”“68红”和“621×岷15”等5个马铃薯品种的块茎为材料，将它们的芽眼切块，分成远基端芽眼和近基端芽眼两组，进行种植比较实验。结果表明，前一组比后一组明显增产，并且平均增产达19.2%。

土豆如此，那么小麦、水稻、高粱在留种时该选哪一部分，不用我说你也该清楚了。

至于各种水果和瓜类是否符合全息理论，制种时采取什么部位，这些有趣而且具有生产实践意义的全息课题，目前还在实验与研究当中。

其实，人们在长期的生产实践中，一些生产措施，就是按照生物全息规律去做的，只不过没有意识到这点罢了。

例如，我国不少地区种植玉米的农民，在留种时，习惯把玉米棒上中间或偏下的籽粒留下作种，而把两端的籽粒去除以确保玉米的来年丰收。这种留种方法完全符合生物全息规律。因为玉米棒子就是在植株的中间或偏下部分着生的，作为植株对应全息的玉米棒，其中间或偏下着生的籽粒，在遗传势上也一定较强。后经试验，玉米以这种方法制种，的确可以增产35.47%，豆类植物也大抵如此，只不过它们的制种位在豆角的中间部位。

全息生物学观点的提出，虽然只有短短的十几年，但已引起不少人的兴趣。目前，植物全息现象的观察研究方兴未艾，相信其研究成果会更精确地指导人们的生产实践。

第三章 植物奇能

奇妙的盥洗树

出门旅行，忘了带牙刷，又没有地方可买，该是件多么令人烦恼的事。

但是，在一些特别的地方旅行，这种忧虑就是多余的了。

电视画面中，我们经常可以看到这样的镜头：生活在非洲的黑人，无论富有还是贫穷，当他们说话或者微笑时，脸上甚至全身最动人、最醒目的地方，就是那一口洁白整齐的牙齿。除了黝黑的肤色反衬出牙齿的洁白外，许多人的牙齿的确是非常棒的。其实，他们大多数人并不刷牙，其中的诀窍在哪儿呢?

了解了他们的生活就会明白，这要归功于他们的一种日常习惯——喜欢咀嚼嫩树枝，这些树枝都有洁齿功效，人称洁牙树。

那些被嚼碎的洁牙树枝纤维能把附着在牙齿表面的菌斑清理干净，从而使牙齿变得又白又亮，这种树枝还有促进血液循环的作用，可以坚固齿龈。

“阿洛”就是这种洁牙树中的佼佼者。

在西非多哥的首都洛美，就种植着许许多多的阿洛。这种树非常有用，不仅树形优美，一棵树就是一道风景，而且还可以为人们提供优良的天然牙刷。当地人常常把它的细干和枝条裁成香烟般长短后，含在嘴里，在唾液的浸泡下，顶端的纤维之一丝丝散裂开来，从而形成扇形的牙刷。用这种牙刷刷牙，可以把牙齿刷得洁白发亮，而且刷后有一种天然的清香，即使一些城里人，也不大愿意使用工业化流水线生产出来的牙膏和牙刷，却愿意沿袭传统的方法，用可亲可爱的“阿洛”刷牙。

坦桑尼亚也有一种用途相似的树叫“洛非拉”，枝条柔软且有弹性，稍作削磨加工后，就成为一种优秀的牙刷。用这种牙刷同样不必使用牙膏，因为洛非拉体内含有大量的皂质和薄荷香油，刷牙时能产生很多泡沫，刷牙后感觉清凉清爽、满口留香，当地人自然而然地称洛非拉为天然牙刷。

很早以前，古印度人曾经用杨枝来刷牙，所以杨枝在当地又叫“齿木”。不仅如此，鉴于牙齿的健康在全身健康方面所居的重要地位，印度人一度把赠送杨枝作为“祝您健康”的一种表示。后来此法传入我国，中国人也逐渐学会了这种刷牙方式。古医书《外治秘要》中说，将杨枝的头嚼软，蘸了药物揩齿，可使牙齿香而光洁。

虽说杨枝是洁牙的常用齿木，但齿木却并非只限于杨枝，不同地方的人会因地制宜地找到合适的洁牙材料。槐枝、桃枝、葛藤等都与杨树一样具备苦、涩、辛、辣的味道，所以它们都可以成为齿木。

能否用水果刷牙？美国牙医联合会经过多年的观察与研究，得出的结论是：苹果是刷牙最为有效的水果之一，当人咀嚼这种水果时，口腔中97% 的细菌将被消灭掉。柑橘也具备同样的功效，吃过柑橘后用清水漱一漱口，除掉酸性，这比用牙膏、牙刷刷牙的效果还要好。

看，如果在林中找不到类似阿洛的齿木，那么带些苹果、柑橘类水果，吃的时候多嚼会儿，然后用清水漱口，也可以解决口腔卫生。

解决了刷牙的问题，但如果衬衣少带了或者脏了，林中有没有解决的方法呢？答案同样是肯定的。

巴西有一种奇特的树，人称“衬衣树”，把粗细不同的树枝砍下来，完整地剥下树皮，保持圆筒形，放到水中泡软，再用木槌捶击，使它变得轻薄柔软如同布一样，然后把它晾干，圆筒粗的做腰身，细的做衣袖，联结起来就成了一件纯天然的衬衣。这种衬衣既保暖，又透气，穿上它，那感觉绝对天然舒爽别致、轻松自在。

在提倡维护生态环境的今天，可不能进到林区随意地乱砍滥伐，如果实在想要一件过把瘾，那就到当地指定地点去买一件吧。

旅途跋涉中，衣服脏了、头发脏了是很平常的事，森林中也有解决妙法。

我国许多丘陵山区，随处可以见到浑身长满粗刺的大树，它就是皂角（荚）树，是豆科的落叶乔木。秋季，树上会结出近一尺长的大皂荚，将皂荚采下晾干后砸破，然后放在热水里，就可以用肥皂水洗衣服、洗头发了。因为皂荚的有效成分是皂甙，这正是如今制造肥皂的主要成分，洗发剂“**皂角洗发浸膏”，当然是以皂荚为主要原材料的。

在阿尔及利亚温纳德的利维村里，也生长着一种类似皂荚的树，名叫“普当”，意思是清除污浊的树。普当主干挺直，树身低矮、粗壮，树身呈现红色，枝粗、叶阔，进入普当树林，仿佛来到了一座绿顶红柱的天然宫殿中。

普当光滑的树干上生有许多细小的孔，孔内不时分泌出淡黄色的汁液。

洗衣时，只要把这种汁液涂在衣服的油腻处，就能够轻松去除油污。当地人洗衣方法十分简单：把脏衣服脱下来，用草绳捆在普当树上，等淡黄的汁液浸过衣物，再用清水漂去黄汁，衣服就非常干净了，比用洗涤剂洗过的衣服还洁白亮丽，更不必担心会有化学残留物。

原来，普当生长的环境暑热冬暖，树叶的蒸腾作用极大，为了补偿失去的水分，树根必须从土壤中吸收大量的水分，而其生存地碱性极大的土质，给它的生理活动带来了很大的危害。为了适应这一环境，它不得不在自己身上形成许多奇特的细孔——专供排碱所用，这样才能有效维护自身的生长发育。

这是生物适应性的一种表现形式，用达尔文的观点解释，是自然选择的结果。正是它排出的淡黄色碱液，为当地人洗衣提供了便利的洗衣剂。

娇容多变的花木

大家都知道，动物中有个叫“变色龙”的爬行动物，擅长模拟环境色彩以保护自己不易被天敌发现，却很少有人知道，植物中也有许多善于变色的花木，只是它们变色的原因，除了要适应环境利于生存，还与植物体内的花青素有关。

花青素不稳定，在不同的内外因条件下，可以呈现出不同的颜色。

有些花卉一日三变，如产于我国的“三

醉芙蓉花”——花朵清晨是白色，中午时变为桃红，晚上又变成大红色。

清朝年间，江苏镇江的金山寺，有一幅关于花草的趣联，是这样写的：使君子花，朝白、午红、暮紫；虞美人草，春青、夏绿、秋黄。上联中的使君子是一种中草药，夏天开花，“朝白、午红、暮紫”短短六字，就概括了使君子花一日三变的娇态。

在云南，生长着一种名叫“火中雪”的杜鹃科植物，花朵硕大，香味清雅。清晨，它的花瓣和花蕊由红渐渐变淡，转至粉红；到了上午10点左右，已经变得洁白如雪了；下午4时后，它又由洁白渐渐变成粉红；到了深夜，即变得嫣红，如燃烧的篝火。最初，人们在森林中发现它时，它还没有名字。人们联想到它既有雪的纯洁，又有火的热烈，故取名“火中雪”。

纳米比亚有一种“报时花”，黎明时花色雪白，中午由白转黄，下午为橘黄，傍晚时分又呈现出深红。这样，人们根据观花的颜色，就可以说出大致时间了。

生长在美国的红吉尔花也会变色，但它的变色却没有相对固定的时间，从表面上看，红吉尔花的变色与其生长的环境相关，其实，红吉尔花的变色，纯粹是为了迎合给自己传粉媒婆的喜好——如果红吉尔花生长在高山上，会开出粉红色的花，或者是白色的花；生长在平原上，开出的花儿则为红色。真正的原因是，高山上的红吉尔花靠鹰蛾传粉，鹰蛾喜欢粉色和白色。而在平原上，红吉尔花靠蜂鸟授粉，蜂鸟喜欢红色花。

最常见到的变色花卉，当属水生植物王莲了。它的每朵花只开三天，三天是三种颜色，初开时洁白莹雪，第二天花朵变为粉红色，第三天又变成深红色。

花卉中，花色变换多端的高手，当属产于我国的“弄色木芙蓉”。它第一天开白花，第二天变成浅红色、第二天变为黄色，第四天变作深红，

落花时又呈现紫色，一朵花能变换出如此多的颜色，实属罕见。

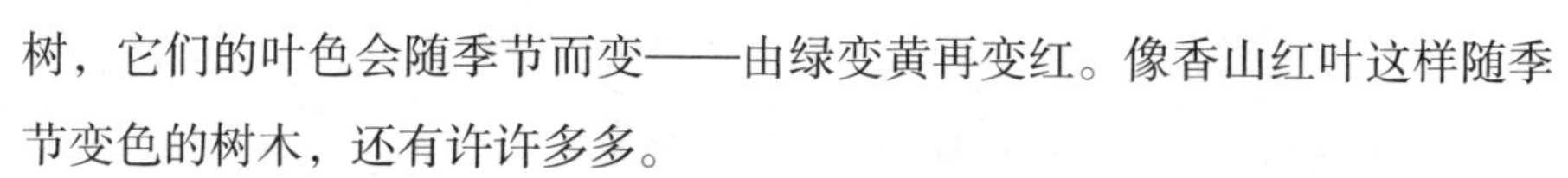

花卉的色彩可以这样自如变幻，树木中，其实也有善于妆容变化的佼佼者。

大家熟知的香山红叶黄栌和枫树，它们的叶色会随季节而变——由绿变黄再变红。像香山红叶这样随季节变色的树木，还有许许多多。

我国广西壮族自治区融安县大坡、治安及福上等地区生长的一种随天气变色的“气象树”，则是自然赐予人类一份奇妙的礼物。

它像一位恪尽职守的气象预报员，以自身树叶颜色的变化，来告知当地居民近期的天气状况，为他们的生产及生活提供了许多便利。

据当地《城市晚报》报道，这种被称为气象树的植物，当地人称“小叶红豆”，属亚热带常绿乔木。它的树干最高可达 10 米左右，胸径粗如水桶，叶宽 2 ～ 3 厘米，长 6 ～ 7 厘米。晴天时，树叶为绿色，久晴转雨时，树冠下部的叶片先变红，逐渐向上红至树顶。小雨时呈现出淡红或变成半截红色；暴雨前夕叶子变成大红色，或者整个叶片变为红色；假如叶色红艳如绸缎，必有洪灾。降雨过后一两天，树叶又恢复绿色。在久雨转晴之前，树叶会变成淡红或半截红；若树叶呈现出大红或者全红，则告诉人们旱象即临，晴后一两天又呈绿色。

这种能预报气象的树，使得当地群众在安排农事或者外出办事时，都得对此树察言观色……

无论一种植物能开出不同颜色的花朵，还是花与树叶的色彩如何迷离多变，但万变不离其宗，都可以从植物体内的花青素找到答案。正是花青素在不同条件下的作用，才使花叶能够呈现出不同的颜色。

花青素的化学性质活泼，与植物体内不同的金属离子结合，可以有不同的色彩。或者，因植物体液酸碱度不同，而呈现不同颜色。另外，光照强度、空气干湿度等，都可以影响花青素的稳定性。

一个小实验可以验证。把红色的牵牛花泡在肥皂水中，就会变成蓝色，随后将变蓝的牵牛花浸泡进食醋中，它又恢复了红色，这便是体液酸碱度影响花色最直观的表现。

芙蓉花娇容多变，则是因为花青素在不同的阳光强度以及植物体液酸碱度的共同作用下，呈现出了不同的化学结构，从而花朵表现出不同的颜色。

要细细探究起来，这里面的奥妙可就多了，就留给真正喜爱植物、喜欢钻研的朋友吧。

花木催人眠

“漫漫秋夜长，烈烈北风凉。辗转不能寐，披衣起彷徨……”曹丕的一段《杂诗》，道出了多少失眠者的共同心声。的确，夜不能眠，是一种让人沮丧的疾患。

算是一种福音吧，大千植物界有许多能很快催人入睡的花朵和树木。

无论你是神经衰弱，还是心事重重，如果入睡时让这些花木陪伴左右，不仅会轻松进入梦乡，而且，花木既无药物的毒副作用，又有非常好的效果。

非洲东部坦桑尼亚的坦噶尼喀，生长着一种叫木菊花的植物，这种花对人和动物都有强烈的催眠作用，当地群众称其为“催眠花”。无论是小小的田鼠，还是身躯庞大的大象，只要吃上一朵木菊花，不一会儿，就会躺倒在地，呼呼地睡上一觉。

在西班牙的群诺多罗，有一所漂亮别致的民间疗养院，叫“曼德勒格鲁”，意思是“会催眠的花房”。原来在疗养院的山脚下，生长着一种名叫勃罗特的野花，它能散发出一种奇特的香味儿，对人的中枢神经有抑制作用，能促使人很快入睡。大约三个小时过后，这种催眠作用又会神奇地自然消失。疗养院的医生们把勃罗特花分别栽在别致的花盆里，什么时候需要，就什么时候搬出来，给病人治疗失眠。

不仅花儿能催眠，有些奇妙的树和竹子，同样具备催人眠的本领。

在南美洲亚马孙河流域的热带雨林里，有一种十分有趣的小灌木。它枝繁叶茂，顶端长得十分平整，恰似一张绿色大床，人可以舒舒服服地躺在上面。它不仅样子像床，而且还有更奇特的功能。

每当夜幕降临，这种树便散发出一种特殊的芳香。这种气味不仅对人有催眠作用，而且对蚊、蝇、蛇、蝎、狼等有驱赶作用，人躺在上面入睡，不必担心虫兽会前来骚扰。黎明时分，这种树又散发出比薄荷还幽香的清凉气味，使熟睡的人迅速清醒，即使没有睡够还很疲倦的人，此时也无法再次入眠，因为这种树白天没有催眠作用。更有意思的是，将正在啼哭的婴儿，放到树床上面，婴儿就会停止哭泣，小脸上还会现出舒适的微笑。因此，当地人家会在自己的庭院中种植被他们称为“魔床树”的植物，并以此为床。

竹王国里也有能够催眠的竹子。在阿尔卑斯山麓，生长着一种叶小干粗，头冠蓬大的催眠竹，人或动物一旦靠近这种竹子，睡意便会油然而生，若误

食竹叶，就会酣睡，一昼夜之后方能清醒。

喀麦隆东北部的巴莫小镇，因为有了“巴莫醉人树园”而让世人刮目。

这里有80多棵奇异的树，它们夹杂在数千棵大树中间，低矮的树身、浓密的树冠，满树黄色的小花，散发出浓郁的芳香。这香气会让来到巴莫的客人，如同饮入美酒，渐渐昏昏欲睡。这种树，就是喀麦隆的名树——醉人树，这座树园也因此被人称为喀麦隆醉人树园。

这个醉人树园因治疗神经衰弱症和失眠症而闻名遐迩，成为一方名胜，每天，去喀麦隆醉人树园观光和治疗的人络绎不绝，它在促进地方经济方面功不可没。

以上植物之所以能够促进睡眠，是因为这些植物的叶子、花瓣或果实等处，都多多少少地含有使人安神、宁心和镇静的生化成分，一些植物的茎叶，还会释放具有麻醉作用的香素。

会发光的植物

进入浩瀚的森林或是野外的空旷地段，黑暗的夜晚，不仅让人寸步难行，还会使人深感凄清冷寂。此时，如果出现一束亮光，你会感觉宽慰呢？还是会增加恐惧？

其实，不管你喜悦还是恐惧，夜晚发光的物体依然会照亮它周围的夜空。大自然中许多动物、植物、微生物都会发光，当你了解了这些，或许就不会害怕了。

100多年前，入侵新几内亚岛的荷兰远征军，为了防止土著人袭击，在沿海处建立了一座城堡。一天晚上，乌云密布，风雨交加，一个荷兰士兵前去海边查看船只是否拴牢。这时，城堡上的人惊奇地发现，他走过的沙滩上留下了一串可怕的亮脚印。于是，大家怀疑他是魔鬼，或者会什么巫术，就派人悄悄跟踪这个士兵。可是，奉命前去跟踪的其他人，也留下了同样的亮脚印。以后，这种现象又陆续发生了几次，这下人们才知道，凡是风雨之夜，无论谁在沙滩上行走，都会发生同样的情况。可究竟是什么在发光呢？

现在，人们已经弄清楚了，海洋中有许多藻类植物，当然也包括甲藻。甲藻的特别之处，在于它能发出荧光。甲藻细胞内含有荧光酶或荧光素，平时不显山露水，一旦被触动、受到刺激或氧气十分充足时，便会产生光亮。

风雨之夜，当甲藻被海浪冲上沙滩后，由于雨水的浸润，没有马上死去，这时如果有人在沙滩上行走，甲藻受到脚踩的刺激后，就会重新发亮，奇特的亮脚印，就是这样产生的。

在山区的森林中，常常能见到许多朽木在夜晚闪闪发光。这些怪异的现象，曾经引发许多迷信与传说，现在已经知道，这都是一些真菌的伎俩。

森林中的蜜环菌，如恶魔般，不仅能致大树于死地，而且会在夜间发出荧光。蜜环菌利用能发光的菌丝，先侵入树木的根部，导致根部腐烂，大树随即慢慢死去，菌丝再沿树根逐步进入树干和枝叶，并以此为食为家。不久，原本茂盛的大树便成了发光的朽木。

除了朽木，有些生长旺盛的树木也会发光。在日本有一种10多米高的乔木，树干和树枝上寄生着一种会发光的菌类植物，它们在树上闪闪发光，夜晚远远望去，好无数闪光的灯泡。

江西井冈山地区有一种常绿阔叶树，叶子里含有磷，这种磷释放出来以后会和空气中的氧气结合成为磷火，磷火能放出一种没有热度，也不能燃烧，但有光亮的冷光来。白天看不见，但在晴朗无风的夜晚，这些冷光聚拢起来，仿佛悬挂在山间的一盏盏灯笼，当地人叫它“鬼树”。

古巴有一种美丽的发光植物，每当黄昏时花朵才开始绽放。这种花的花蕊中聚集了大量的磷，微风吹过，花蕊便星星点点地闪烁出明亮的异彩，仿佛无数萤火虫在花蕊间翩翩起舞。有意思的是，一旦黑夜逝去，这种花就像完成了使命，很快就凋谢了。

非洲冈比亚南斯明草原上有一种名叫“路灯草”的植物，可以说是发光植物中的佼佼者。别看它小，它所发出的光亮，甚至可以与路灯相媲美。

路灯草的叶片表面有着一层银霜一样的晶珠，富含磷。每当夜幕降临，这种草便闪闪发光，把周围的一切照得十分清晰，当地居民喜欢把这种小草移到家门口，充当“路灯”。

名叫夜皇后的花朵内，也聚集了大量的磷，一旦与空气接触就会发光。夜间活动的昆虫见到亮光，就会被吸引前去帮助植株传播花粉。夜皇后的花朵放光，实际上是适应环境的一种特殊本领。

一则新闻报道称，我国湖南省南县沙港市乡有位农民砍下一株胸径 23 厘米、高 10 多米的杨树，剥完树皮后放在院里，准备作木料。当天晚上，他们一家惊奇地发现，树干、树根、树皮的内侧，以及锯下的碎屑都能发出无影的蓝光。其中一节直径 5 厘米、长 1 米的树枝，亮度相当于一支 8 瓦的日光灯。这一奇特的现象，当即吸引附近几个乡成百上千的人前来争相观看。几天后，随着树内水分的蒸发，这株杨树的发光亮度逐渐减弱，但树皮受潮后，亮度又有所增强。

对于此类现象，日本静冈县农业试验场的研究人员作了相应的实验，他们发现，一些植物在接种病原菌后会发出极其微弱的光。

试验场的科研人员把病原菌接种到各种植物上，然后迅速把它们放在黑暗的地方，结果发现这些植物都会发光，用仪器探测其亮度大约为荧光的 1000 万分之一到 10 亿分之一，并且，因植物种类的不同而强弱有别。

研究人员最终认为，植物发光的原理，除了前面说的植物本身含有磷能自燃发光外，主要是植物要有能发光的物质，在一定的发光波长范围内，能释放荧光。也有植物体内发生化学反应的结果。

植物的发光对它们的生长会有什么作用呢？科学家对烟草植物进行的实验证明，植物对病虫害有无抵抗力会对发光产生一定的影响，即在表现抵抗性的过程中发生的化学反应会使植物发光。

2014年新年伊始，美国Bioglow公司宣布，他们的研究人员利用生物基因技术成功培育出了名为“星光阿凡达”的发光植物。它不仅能在黑暗中主动发光，其亮度更可以和灯泡媲美，在短时间内，可以代替灯泡来为房间照明。

事实上，让植物发光，在现在分子生物学技术高度发展的今天，并不困难。可要让它们达到电灯的照度，目前还有一定距离。

这种将幻想中的植物乾坤大挪移进现实生活中的技术，就是人们熟知的“基因改良”。

专家认为，植物发光机制的研究，既有利于发现如何缩短农作物育种期限和新农药的开发，也能够加速植物科学研究，利用其能否发光作为标记来筛选需要的植物。

感觉敏锐的草木

在种类繁多、多姿多彩的植物王国里，有些植物竟然有着与动物相似的行为反应，这便是那些感觉灵敏的植物。

1987年，在我国广西壮族自治区发现了一种会跳舞的植

物——跳舞草或风流草。这种草能在太阳光的照耀下翩翩起舞。

跳舞草的舞姿，并不像含羞草运动时那么直观，欣赏时需要看准舞动的部位——一对侧小叶。跳舞时，两片绿色的嫩叶时而合抱，时而交叉，时而各自旋转 180 度又深情相拥，然后再分开翩翩起舞。同一株上各小叶在运动时有快有慢，但却表现得很有乐感。

有人给跳舞草连续拍照，发现一枚小叶在 20 秒钟的时间里，向茎部转动 90 度。阳光越强烈，跳舞的动作也越快，最快一分钟可达 7~8 次。跳舞草从早到晚不间断地像蝴蝶一样，翩翩起舞，舞姿优美，富有节奏，仿佛有指挥家在指挥，而且耐力惊人，它从太阳升起一直舞到夕阳西下。

跳舞草除了对光有很强的敏感性外，对声音，尤其是对音乐的反应特别敏锐。

如果在跳舞草旁播放某种旋律优美、音色动听的乐曲，或对其纵情歌唱，这时跳舞草的叶子会慢慢随旋律的高低跳起舞来，而此时，光线对它的影响便在其次了。外界歌声停止，它的舞姿也随之停歇。

跳舞草为什么会跳舞呢？

有人认为，强烈的阳光照射使它剧烈地蒸发水分，为了避免光线强烈照射所带来的伤害，它就以两片小叶“跳舞”，来调节阳光的直射，使自己很好地适应环境。

但是这种说法，却不能够解释它为什么会随音乐声舞动。由此看来，跳舞草好舞的原因，还有待于进一步研究。

最近，植物学家在研究树木增粗速度时发现，植物的枝干，有类似于动物的胸腹产生一胀一缩的现象，而且还有明显的规律性，只不过这种变化极其微小和缓慢。

每逢晴天丽日，太阳刚刚从东方升起，植物的枝干就开始收缩，一直延续到夕阳西斜。到了夜间，枝干停止了收缩，反过来开始膨胀，直到第二天早晨。植物这种日细夜粗的缩胀，每天周而复始，但每一次缩胀，膨胀总略大于收缩，于是，枝干就这样逐渐增粗长大。

植物出现这种有趣的缩胀现象，是由体内水分的运动引起的。在晴朗的白天，蒸腾的水分超过吸收的水分，枝干就会收缩；而在夜晚或下雨天，植物根部吸收的水分，比叶面蒸腾的水分多，枝干就会膨胀而增粗了。

一些食虫植物也是接触敏感性植物。科学家发现，当捕蝇草的感觉刚毛受到刺激时，会产生电信号，这种电信号类似于动物的神经信号元，并且这种类似于神经活动的水平非常接近某些最简单的动物，如海葵或其他的腔肠动物。科学家已经测得捕蝇草的电信号的传递速度，为每秒钟 20 毫米。

有些植物的"触角"相当发达，甚至能发觉前来偷蜜的蚂蚁，在"小偷"到达目的地之前，迅速闭合自己的花瓣，"小偷"无法近前，自然避免了花蜜被盗。

含羞草是大家所熟悉的接触敏感性植物，如果轻轻摸下它的叶子，会看见叶子慢慢地闭合；动作稍微重一点，它就连叶柄也耷拉了下来，宛若低头的羞怯少女。

人们还发现，含羞草的羽状复叶对于温度、光照、电击、刺伤、灼烧甚至大气压的变化，也表现得十分敏感。更为有趣的是，它还能像动物一样被氯仿麻醉，甚至可以被咖啡因麻醉。

含羞草叶为什么一触动即闭合下垂，会害羞呢？

简单地说，是叶子的膨压作用。在含羞草叶柄的基部，有一个薄壁细胞组织，叫叶枕，叶枕里面鼓满了水分。当用手触及叶子，使叶子受到振动，其组织里的水分，就立即向上部与两侧流去，此时，薄壁细胞就像漏气的皮球那样瘪了下去。顺带产生了叶片合闭、叶柄下垂的现象。

研究表明，含羞草的叶子接受刺激后会兴奋。信息在含羞草体内的传导，能以每秒 15 毫米的速度向前传递。当然，这比起人的神经传导速度 (每秒 10 万毫米) 要慢多了，但在植物界，这种传递速度还是相当惊人的。

含羞草原产南美巴西等热带或亚热带地区，那里多狂风暴雨。含羞草只要被第一滴雨或第一阵风触动，就立即采取叶子闭合、叶柄下垂的姿势，以保护自己柔弱的躯体免受暴风雨的摧折。

还有，食虫植物毛毡苔对环境的反应也异常灵敏，达尔文曾经把一根长 1.1 厘米的头发丝放在一片毛毡苔的叶面上，发现这片叶子的腺毛迅速卷起来把头发按住。还有人把 0. 00003 毫克的碳酸铵滴在毛毡苔叶子的腺毛上，它也立刻感觉到并有所反应。如此灵敏的反应，即使在动物界也很罕见。

在稍微高大一些的乔木中，也有感觉灵敏的植物，“怕痒”的紫薇树即是一典型的代表。

盛夏时分，紫薇花盛开十分娇艳，“盛夏绿遮眼，此树满堂红”。这个时候，站在紫薇树前，用手轻搔光滑的树身，即可看见枝摇花动，宛若人腋窝被搔时咯咯大笑所引起的全身颤动，因此，紫薇还有一个有趣的别称——痒痒树。

科学家发现，痒痒树之所以“怕痒”，是因为它能像动物一样产生动作电位，而且电信号是沿着木质部及韧皮部传递的，紫薇所具备的不同寻常的伸长了的韧皮部细胞，就像电缆一样，能加速电信号传递。

当然，也有人解释说：紫薇树枝干的根部和树干上部差不多粗细，这样的长相有别于一般树干下粗上细的特点。也就是说，紫薇树的上部比一般的树要重些，有点头重脚轻，这就决定了它容易摇晃。当我们用手指挠它的枝干时，摩擦引起的震动，很容易通过坚硬的木质传导到枝干的更多部位，于是就容易引起枝头摆动。

植物界的“寄生虫”

绿色植物中，绝大部分种类都能够依靠光合作用自食其力，但也有一部分游手好闲之徒，终生过着不劳而获的寄生生活。

植物界的“寄生虫”少说也有数十种，它们大多数长得奇形怪状，像菟丝子、列当、锁阳、槲寄生、桑寄生、大花草和野菰等都是巧取豪夺之徒。

夏天，走进大豆田里，经常可以见到绿色的豆萁上缠绕着金黄色的细丝，可别以为那是什么好东西，它就是农民朋友深恶痛绝的大豆寄生植物：菟丝子。

菟丝子钻出土壤后两三周内还过着独立的生活，靠吸收种子胚乳内的营养维持生命。慢慢地，茎尖变得不安分起来。它天生就会左右逢源，一旦碰上大豆的茎，即刻施展出全身本领，牢牢地缠绕大豆茎——因为它很清楚，“背靠大树好乘凉”，从此可以吃住无忧了。于是，菟丝子的根与叶慢慢地萎缩或死亡，渐渐失去了应有的功能，开始过上不劳而获的寄生生活。

肉苁蓉是著名的滋补药材，号称“沙漠人参”。谁能想到，这种能驱病强身的药用植物，一生都过着寄生生活。因

为肉苁蓉体内无叶绿素，无法自力更生，只能寄生在一种叫梭梭的沙漠植物的根上。因此，肉苁蓉一生中大多数时间都躲在不见阳光的沙土之内。

如果说躲进沙土，是肉苁蓉因寄生而“害羞”的话，那么野菰，则是一种不知害羞的植物寄生虫，它吃人家的，喝人家的，却以比别人漂亮艳丽的花朵展示自己。

草本寄生植物野菰，把自己的根寄生在禾草的根部，贪婪地吸食禾草所蓄积的水分和养分。野菰有着烟斗型的花冠，口部有漂亮的紫色圆裂片，姿态妖娆，有着寄主禾草花朵无法比拟的艳丽。套用一句俗语，“中看不中用”对于野菰，是非常合适的，因为野菰除过艳丽的花枝以外，没有正常的绿叶，只有很少几个小鳞片状叶生于花梗的基部，无法进行光合作用，当然只有依靠寄生活命了。

野菰属于列当科野菰属，这一属有约 10 个种，我国有 3 种，野菰是其中之一，分布于东南、华南至西南地区，北方基本上无分布。

根寄生植物比较多，除野菰外，北方常见的列当，有黄花和紫花两种，形体如一段小木棒，大多寄生在菊科蒿类植物的根上，河北、山西、北京郊区等地常见。蛇菰科的锁阳也是一种根寄生植物，锁阳全身呈棒状，肉质肥厚，呈暗红或紫色，锁阳起初在寄主的根部长成卵球形的植物体，以后才慢慢长成棒状体。

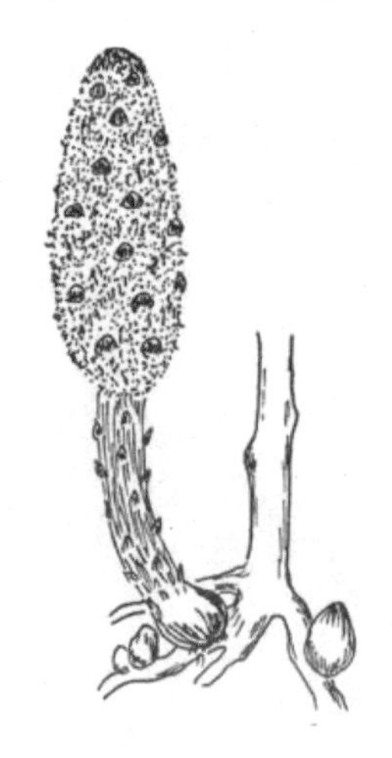

应用广泛的檀香，也是一种根寄生植物。檀香的木材能散发出持久的芳香，是著名的芳香植物。但是檀香叶子光合作用的本领却很弱，制造出的营养根本满足不了生存的需要。于是“聪明”的檀香便施出“损招”——在根部长出蚂蟥似的

"嘴巴"，紧紧吸附到其他植物的根上，以抢夺别人的养料来养活自己。因此也有人称檀香树是需要保姆带的树。

檀香的保姆树有 200 多种，如果寄主树不对它的口味，它也会死亡，如用龙牙花、番木瓜作寄主，檀香树 1 ~ 2 年内即死去，最适宜作寄主的植物是木麻黄、苦楝和山牡荆。

植物王国中，还有一部分植物，过着"半寄生虫"的生活。

槲寄生和桑寄生都是半寄生植物，它们寄生、自生二者兼顾，一方面拥有特殊的寄生根，可以伸入槲、榆、桦、桑等寄主的身体里，吸收其水分和盐分，另一方面又长有绿叶，能够进行光合作用，制造营养。

与其他寄生植物不同的是，槲寄生和桑寄生大多生长在高高的树上。

它们是怎样上树的呢？原来，鸟儿非常爱吃槲寄生的果实，但这种果实的果肉富含黏性物质，小鸟享受口福的同时，嘴巴上常常沾满了黏质，这使得它很不舒服，便不由自主地用嘴在树皮裂缝间擦拭，无意间充当了这些寄生植物的传播者。

有趣的是，在我国西藏和云南分布的桑寄生植物体上（枝干上），竟然还有另外的寄生植物寄生。它们靠"吃"桑寄生来养活自己，形成寄生吃寄生的奇异现象，植物学上把这种寄生植物叫作重寄生，重寄生的植物大多属于檀香科。

靠重寄生为生的植物全世界目前发现的有 7 种，我国有 4 种，它们的分布除西藏和云南外，广东和福建也有。

西藏墨脱产的一种叫作扁序重寄生，属檀香科，是一种细小的灌木，茎高不过 20 厘米，粗糙而扁平，直径不过 2~3 毫米，叶子极小，退化成鳞片状。多见于西藏、四川、云南、广西，海拔 550~1800 米杂木林中。常寄生于桑寄生科植物，偶寄生于寄生藤属植物上。

植物“测震员”

1976年7月28日，在唐山人的记忆中，这是一个可怕的、令人不寒而栗的日子。

一场突发的大地震瞬间夺去20多万人的生命。事后调查人们发现，在此前一段时间，唐山地区和天津郊区的一些植物，却似乎早已预知了灾难的来临，纷纷“乱了手脚”，出现了异常现象：柳枝枝梢枯死，竹子开花，苹果树结了果实后再度开花……

这些现象并不是巧合，植物异常现象的发生，的确与地震存在着某种必然联系，因为，植物完全可以充当地震的预报员。

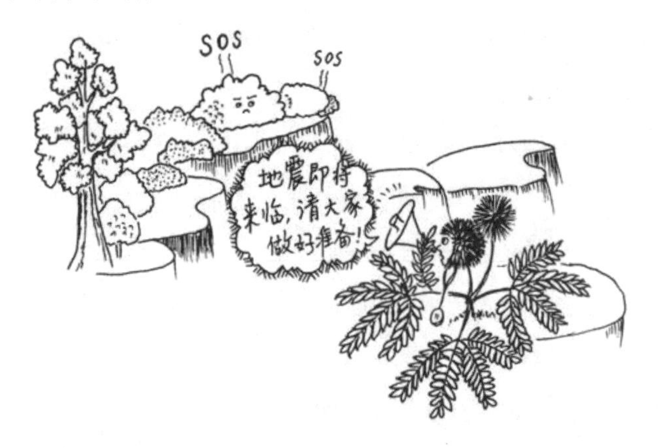

宁夏西吉县1970年也发生过一次地震。震前一个月，在离震中60千米的隆德县，蒲公英在初冬季节居然开了花。合欢树的羽状叶片平日里总是昼开夜合，与人的生物钟一致，而在震前一个月左右，合欢叶子不分昼夜，总是呈现半开半合状态，白天开不旺，夜晚不肯安然“入睡”。

1976年地震前夕，四川省“熊猫之乡”的平武地区出现了另一番让人心寒的一幕：熊猫赖以生存的箭竹突然大面积开花，花谢后，熊猫的早餐——竹子——几乎死光了；一些玉兰树开花后又莫名其妙地二度开花；桐树大片大片地枯萎凋零。

1972 年 2 月初，辽宁省的海城发生了一次强烈地震。震前一个多月，那里的许多杏树提前开了花。含羞草的小叶也出现了反常的闭合行为——在强烈地震发生的几小时前，对外界触觉最敏感的含羞草的叶子会突然萎缩，然后枯萎。

日本是个地震多发的国家，日本科学家就发现，在正常情况下，含羞草的叶子白天张开，夜晚合闭。如果含羞草叶片出现白天合闭、夜晚张开的反常现象，便是发生地震的先兆。1976 年日本地震俱乐部的成员，也曾多次观察到含羞草叶子出现反常的合闭现象，结果随后都发生了地震。

据文字记载，会预测地震的植物还有很多。印度有一种甘蓝，如果出现生长新芽的现象，即是发生地震的预兆。还有印度尼西亚爪哇岛上的一种樱花类植物“地震花”，在地震发生之前，会突然开花。岛上的居民把这种植物当作观测装置，只要发现它开花，马上作应急准备。

日本专家鸟山多年来从事植物预报地震的研究工作。他选择合欢树为研究对象，利用高灵敏度的仪器测量合欢体内的电位变化。经过几年的不懈努力，他惊奇地发现，在打雷、闪电、火山活动和地震等自然现象发生以前，合欢树内就会出现明显的电位变化和增强了的电流。

合欢树是豆科的落叶乔木，高可达 16 米。一个小叶柄上，羽毛般生长着十几二十对镰刀状的小叶子，两两相对、齐齐整整。每天，夕阳西下时，相对的羽状小叶就慢慢靠拢，直到两两相合，模样就像被手碰触过的含羞草。次日清晨，领受到光线的指令，静静相拥的羽叶，才渐渐分开。

鸟山在实验手册上有这样的记载：1978 年 6 月 6 日至 6 月 9 日的 4 天中，合欢树的生物电流呈正常状态，到了 6 月 10 日至 11 日，合欢树 (他一直研究的那棵) 突然出现极为强大的电流，及至 6 月 12 日上午 10 点钟又观察到更大的电流后，当天下午 5 点 14 分在附近地区官城县海域便发生了 7.4 级地震。十几天后余震消失，合欢树的电流才开始恢复正常。

1983 年 5 月 24 日至 25 日，鸟山又一次测量到合欢树特别异常的电流变化，果然 5 月 26 日中午时午，日本海中部发生了 7.6 级地震。鸟山通过多年的研究指出，合欢树预测地震有相当的可靠性。

普通百姓虽不具备必要的实验条件，但是我们周围并不乏活生生的绿色朋友，它们也会以各种反常现象发出信息。如果大家都懂得植物预报地震的原理，那么什么时候发现身边大部分植物出现异常现象，也就预知了即将来临的自然灾害，可以及早防范而不至于手足无措了。

为了揭示植物与地震关系的奥秘，一些植物年轮学家也投入到这场研究之中。美国哥伦比亚大学的戈登·雅各比在研究树木年轮时意外地发现，一棵松树横切面的年轮，有一部分长得不规则，挤在一起，但在此之前的年轮显示它一直长得很好。他调查了这棵松树生长地点年轮显示的时间，发现它形成于 1857 年该地区一次大地震。雅各比认为，经历过地下断裂活动时期的年轮，为人类研究地震和预测地震均提供了有益的数据。

那么，植物预报地震的奥秘何在呢？

这是因为，地震在孕育的过程中，由于地球深处的巨大压力，在石英岩中造成电压，这样便产生了电流，电流分解了岩石中的水，于是产生带电粒子。在地震多发区的特殊地质结构中，这些粒子被挤到地球表面，跑到空气中，会产生一种带电的悬浮颗粒或带电离子。空气中大面积带电离子(颗粒)的存在，改变了当地的小气候环境，其中包括地温、地下水、大地电位、电流以及磁场的变化，直接影响了植物体内正常的生理生化规律，于是便产生了异常现象。

关于植物预报地震的研究其实才刚刚开始，但科学家坚信，只要通过长期的资料积累和研究，并结合其他各种手段进行观察，植物所发生的异常现象，肯定会对临震前预报有积极的意义，用植物预报地震的理想一定能实现。

花木撩人醉

八百里洞庭湖，烟波浩渺。湖水映照着一座碧玉般的君山。君山峰峦叠翠，最高峰即是酒香山。每年二三月份春回大地时，青翠的山峦便散发出阵阵酒香，醇和芳馥，“酒香山”因此得名。

踏香寻源，原来，这醉人的酒香，源自一种奇异的藤本植物。

在酒香山的密林里长着大量的野生藤蔓。早春，碧藤上开出一簇簇的小白花，斗雪傲霜，香醇如甜酒，风传数里，因此被当地人称为“酒香花”。它的藤被称作“酒香藤”，用酒香花酿酒，香味异常，并且有舒筋活络、清肝明目之功效！

酒香花只是散发出酒的醇香，而产于坦桑尼亚的产酒竹，却可以直接生产出30度的美酒。在坦桑尼亚的蒙舌拉森林中，生长着千姿百态的柔竹，人们只要砍上几枝，削去竹尖后插入瓶里，第二天瓶里就盛满酒精浓度为30%的白酒。这种酒的酒味醇香可口，是当地人待客的佳品。一些食竹动物或者以酒竹汁液解渴的动物由于贪食，体内酒精大量积聚，往往醉得昏头大睡，成为猎人轻易捕获的猎物。

醉人草生长在非洲埃塞俄比亚的支利维那山区，这种草会散发出浓郁的酒香。它的叶子是十字瓣形的，上面满布颗粒，每个颗粒的顶上都有四个小眼，小眼内不时有白色的分泌物流出。这种分泌物含有挥发性极强的芳香物质，不断地散发出浓烈的醇香。你若贪恋它的香味，多吸上两口，便会喝醉了酒一样，走起路来踉踉跄跄。如果在它周围流连忘返，用不了几分钟，就会醉得找不着北。

玛鲁拉树是南非的著名树种，它那黄色的果实醇香甘甜，正因为此，玛鲁拉树的果实成了非洲大象垂涎和争抢的目标。每年，果实成熟的季节，也就是大象酒鬼们过把瘾的时候。

大象群暴食了这种果子后，如果再喝些水，森林里便会沸腾起来，因为这些大象们已经醉得分不清东西南北了。它们开始发起酒疯，乱蹦乱跳或狂奔不已，甚至以头撞树或者干脆将树连根拔起。更多的大象则是东倒西歪，喘着粗气呼呼大睡，一般要两三天后才能醒过来。这是因为玛鲁拉果实已经在大象的胃内发酵，变成了酒精，致使它们酩酊大醉。

在瑞典，鸟儿吃了花楸树的果子，便昏头昏脑在地上摇晃着兜圈子；美国的知更鸟每年迁徙时，不忘吃一种野生浆果，而且总要醉上一回。

日本新潟县城川村有一棵奇怪的老杉树，多年以前一连几天从树干里流出大量含有酒精的汁液。汁液白色，有点浑浊，散发出醇厚的酒香。

在非洲中部罗得西亚的恰希河两岸，生长着一种叫作休洛的酒树，能长年分泌出一种香味馥郁、含有酒精的液体，当地的普拉拉族人常以酒树汁液为天然美酒饮用。

这些树为什么能产酒呢?

这是因为，这些树液中含有特殊的糖类物质，这种物质一部分构成树木的新组织，一部分氧化转化为能量，供树木自身生长之用。当氧气不足时，部分糖类物质发生化学变化就变成了酒精，于是，树里便流出了美酒。

绿色“发烧友”

“太阳走，我也走”，这句歌词用在一些追逐太阳的花朵上十分贴切，最具代表性的植物是向日葵。在太阳东升西沉的一整天里，葵花的花盘自东向西也要旋转 180 度。

20 世纪 80 年代初期，瑞典植物学家卡尔森通过考察发现，北极的大部分植物花朵都是太阳的狂热追随者。他猜想，这些花之所以这样，可能是为了促使花朵升温，于是他设计了一个巧妙的实验，以验证他的猜测。他把一株植物的花头用细铁丝固定住，使它不能够跟着太阳旋转，直到第二天太阳出来后他测量了这朵花内的温度，发现这朵花的温度，果然比周围追随太阳的花朵低 0.7℃。

但是，后来的发现并不支持这种解释。

在南美洲考察的研究人员观察到，当地沼泽地里生长着的一种叫臭菘的植物，每年初春天气还相当寒冷时，臭菘就已经含苞待放了。据测定，在长达两周的花期里，花苞里的温度始终保持在 22℃左右，显然，用植物向太阳转动以增温的理论，是无法解释的。

经过深入研究才得知，在臭菘的花朵内有许多产热细胞，其中含有一种能够氧化葡萄糖和淀粉的酶，在氧化过程中能释放出大量的热量。

虽然臭菘的花味不是太好闻，但有一种昆虫却一点也不嫌弃，纷纷钻到花苞里，把那里作为难得的御寒场所，一个温暖的安乐窝。

世界上只有哺乳动物和鸟类的体温是恒定的，因为它们具有完善的体温调节机制。少数植物也具有某种类似于温血动物的特性，它们能根据具体情况，在短时间内将自己的体温升高，老家在非洲的伏都百合就非常厉害。

伏都百合升温的目的，是要快捷而广泛地散发出花的芬芳，以多多吸引访花昆虫前来传授花粉。研究发现，伏都百合的新陈代谢率与美洲蜂雀一样高。升温时，伏都百合的细胞组织中所含的水杨酸比平时几乎增加了一百倍。水杨酸的增加，会促使植物体中所含的淀粉发生化学反应，由此释放出能量，这能力让花朵内的温度上升到 43℃，并能够将这一温度保持好几个小时。

陕西太白山上有一种天南星科的植物，也具有这种神奇的“发烧”本领。在海拔 1000 米的栎林带内，可以见到一种外形别致的植物。它的花苞像一个竖立的手掌，手掌内呵护着肉质的棒状花序，在花序基部长有丛生的雌花，上部是雄花。受精后的雌花就像颗颗玉米粒一样，整整齐齐地排列在果穗上，这就是天南星科植物的佛焰花序。

用手摸一下这奇妙的花序，没准你会觉得手接触到的是刚出锅的热玉米棒子呢。这实在令人惊奇，因为佛焰花序的温度竟比其所处环境的温度高出 20 多度！

植物专家经过长期观察后得知，佛焰花序只在开花期才有发热现象，产热过程一般可持续 12 小时左右，高峰期能够维持 1 ~ 2 个小时。

那么，臭菘、伏都百合和天南星科的植物为什么在开花期间会发热呢？

原来，它们也是为了适应环境，保证在极端不利的条件下能够顺利地繁衍后代。发热是植物在漫长的进化过程中与环境抗争而练就的一种生存本领。

花朵内温度升高，一是保证植物按时开花；二是促使花朵内香味很快飘散出来，以吸引昆虫前来为它们传粉；三是植物通过发热，可以提高抵御病虫害的能力。

在阿尔卑斯山也有一种会发热的植物，每当种子成熟将要散落时，它就放出热量，使周围的积雪融化，让种子直接落到地面上，为种子萌发和后代生长创造条件。

后来研究人员在严寒地带植物的根部和韧皮部等部位也发现了产热细胞，当然这用刚才的理论也很好解释，因为只有这样才能够保证寒冷区域植物体内物质的正常运输和体内正常的新陈代谢以及一系列生化反应的有效进行。

令人吃惊的是，生病的树木也会发烧，与人生病发烧所有不同的是，病树发烧时早晨的温度往往比其他时候高。病树为什么会发烧？原来，树木生病后，树根吸收水分的能力就会下降，整个树木得不到所需的水分，树温也就相应地升高了。

根据病树会发烧这个现象，人们可以通过测量温度来判断哪片森林有病，从而及时采取有效的防治措施。

本文开头说向日葵是太阳的狂热追随者，过去人们认为这是植物生长素在起作用，生长素分布在花盘和茎部的背阳部分，促进那里的细胞分裂增大，而阳面的生长相对慢，于是葵花的花盘就朝着太阳打转了。

然而，近来植物生理学家发现，在葵花花盘基部，向阳和背阳处的生长素基本相等，因此葵花向阳就不是生长素的功劳了。

有人做了这样的实验，在温室里，用冷光(日光灯)代替太阳，尽管早晨从东方照来，傍晚从西方照来，葵花却始终不为所动。可是用火盆代替太阳，并把火光遮挡起来，花盘却像追随太阳一样，朝着火盆方向转动。

研究发现，由于热能使花盘中的管状小花的基部纤维收缩，于是花盘会主动转换方向来接受阳光。

那么，向日葵是否也可以称为“向热葵”啦?

洞悉“天机”的报洪树

自然界中有许多神奇的植物，它们似乎比我们更能感知大自然的变化，有的植物竟能预测出当年气候的旱涝情况，这实在令人惊奇，以下实例皆来源于新闻报道。

在江西省崇仁县孙坊镇，有两棵能预测洪水汛情的奇特檀树。东西两檀均有400多年的树龄。若东西两棵檀树生长节奏完全一致——前一年同时叶落，第二年春天同时发新芽、长嫩叶，那么这一年将是风调雨顺的好光景。

如果两棵檀树对于季节的感知不怎么协调——你前我后表达对春天欢迎，那么这一年可要格外小心洪灾了。至于洪灾的大小，那要看这两棵檀树是哪棵先发芽、先长出嫩叶的。春暖花开时，如果东檀先于西檀发出新

芽和嫩叶，预示着这一年有小洪灾，反之，若东檀后于西檀发出新芽和嫩叶，则预示们这一年必有大洪灾暴发，居民们该早早做好防汛防涝的准备工作了。

“年年洪水来，岁岁树皮红；年年洪水退，岁岁树皮青。”这是重庆市秀山县大溪镇一棵神奇的报洪树对于洪水来去的秘语。这株树龄 500 多岁的大树，高约 20 米，主干直径 1.6 米。此树在风和日丽时，树皮的颜色呈现出灰青色，而当树皮逐渐变成橘红色，则告知短期内必定有洪水袭来；而且树皮越红，洪水的来势就越汹涌，洪汛过后三五天，树皮又逐渐返回青灰色。

生长于广东省连南瑶族自治县的苍叶红豆树，同样是预报暴雨洪灾的高手，此树是以树叶的色彩变换来告知人们什么时候有洪灾。火红和墨绿原本是两种强烈的对比色，当平时墨绿色的树叶发红时，就该着手准备对付随之而来的洪灾了。

一棵有 300 多岁高龄的山毛榉树，同样具有对洪旱信息的先知先觉，这棵山毛榉树生长在四川省石柱县冷水镇，当地人称悬槨树。树高约 40 米，树干直径 1.5 米，这棵树是以自身的上下两部分发新芽的异同，来告诉人们是否有洪旱之灾。早春时分，如果此树的上下所有幼枝一齐发芽长出新叶，表明这一年将风调雨顺，五谷丰登；如果这棵树的上部幼枝先行发芽，那么这一年很可能久旱成灾，如 1959 年和 1992 年的大旱就是这样；如果

是下段幼枝先行发芽，表明这一年将可能有洪涝，甚至爆发特大洪涝之灾，如 1982 年的大水灾。

人们认为“种瓜得瓜，种豆得豆”是天经地义，适合于每一种植物，其实不然，也有例外。有一种树，每年树上结出的果实，有的像小麦，有的像高粱，有的像谷子，有的像玉米，有的像水稻——这既不是童话，亦非传说。这种特别的树有一个直观的名字——五谷树。更为奇妙的是，五谷树会用自己的果实预测当年农作物的丰歉，并预报秋季会不会发生水灾。

在江苏省建湖县九龙口自然风景区内生长的这棵五谷树，高约 10 米，树干周长 1 米左右，树皮粗糙，树上叶子对叶互生。据当地的老人们讲，这棵五谷树预报年景非常灵验，

若五谷树上哪种谷物的果实结的最多，那么当年这种谷物的长势和收成就非常好；若五谷树上的果实形状大多像鱼或虾，那么随后就可能发生水灾。1991 年这棵五谷树上结出了许许多多长度约 2.5 厘米、样子极似小鱼的果实，这年，建湖县果然发生了水灾。据当地群众讲，他们不仅通过五谷树判断当年的收成，更重要的是预防水灾。由于这棵五谷树多少年来

一直比较灵验，被当地群众视为神树。目前，这棵五谷树已被列为县级重点保护植物，加强了养护措施。

植物的生长变化与气候的变化有着密切的关系，这是毋庸置疑的，但这些树木能预测洪水的变化，实在是太神奇了。是偶然现象还是巧合呢？生物学家也在力求找出答案。

如果将上述现象解释为暴风雨来临前气压偏低，空气中的带电离子增多，影响了植物体内花青素的合成与分解，从而导致了树叶的色彩变化，这也只能解释短时期的气候变化情况，而对季节性的水情变化及植物的其他变化关系，人们还没弄清原因。特别是那棵奇异的五谷树，直到现在，科学家也无法做出合理的解释，是一个尚未解开的自然之谜。

各种神奇的植物向人类展示出无穷的奥秘，等待着我们一一去揭示。

花卉知风雨

姹紫嫣红、妩媚动人的花草树木，不仅给人以美的享受，而且许多植物还有“未卜先知”的智慧。聪明人善于从花开花落、草绿叶黄的交替中，洞悉季节与风雨的变换，从而指导自己的工作与生产。

“柳树萌芽早，初春温度高。”“柳根长红须，未来雨淋漓。”今天，当我再次读到这两句谚语的时候，不得不佩服祖先的智慧，他们老早就已经懂得植物能够预测天气。的确，若开春柳树早早萌动，则预示春季温度回升快；如果 7、8 月份柳树生长出 4 ~ 7 厘米长的须根，那么紧接着的一个月里可得做好防汛准备工作。

含羞草不仅是个动作天才，而且还是一位出色的天气预报员。用手轻轻碰一下含羞草，若叶子马上就合拢，并且叶柄下垂，张开还原的速度却比较慢，那是它在告诉人们，天气短期内晴朗。反之，叶片合不拢或合拢

较慢而张开得快，或者刚闭合又重新展开，那么就预示着该转阴雨天气了。

这是因为含羞草叶片的敏感性与收缩度与空气温度密切相关——晴天高温时，叶枕收缩快，叶片易合拢；雨前湿度增大后，使得叶枕膨胀快，叶片易张开。

大雨来临之前，骤降的气压，使得水面上的压力也随之减少，于是河塘底部绿色的苔藓便一蓬蓬浮出水面，故有“水底泛青苔，必有大雨来”的农谚。

夏秋季节，每当狂风暴雨来临之前，人们会看见菖蒲莲和玉帘绽放出绚丽的花朵，那是它们用美丽的花儿在警告人们要及时预防台风和暴雨的袭击。因此，菖蒲莲和玉帘也有了“风雨花”的美誉。

在我国南方，桐子树开花大约在 4 月上中旬，此时，经常有北方较强的冷空气南下，造成阴雨低温天气。因此，人们给这一物候现象起名“冻桐花”。可见，这个时候要格外注意添衣，以免着凉。

有一种叫“鬼子姜”又叫“姜不辣”的植物，一般在它开花后 10 天左右，就要降霜了，可谓预报初霜的能手。

梅花每年开花有早有迟，冬冷则迟，冬暖则早，而冬暖则意味着多春寒。因此梅花开得早，预兆春天多阴雨，对春播不利。梅花开得迟，那可是在提醒人们，别误了春播育苗的大好时机啊。

分布于我国南方的青冈栎，树叶的颜色简直是天气变化的“脸谱”，当地人出行都会去青冈栎前“察言观色”。

在长时间的干旱后，一场大雨到来之前，青冈栎的叶子会变成红色；雨过天晴，树叶又呈深绿色，所以当地人称它为“气象树”。

原来，叶子“变脸”是因为叶子里叶绿素与花青素所占的比例发生了变化。大家知道，植物的叶子中都含有叶绿素与花青素。一般来说，树到秋天，叶绿素减少，花青素占优势，叶片逐渐变成红色。而青冈栎的叶子却十分敏感，遇到雨前的闷热天气，叶绿素的合成就会受阻，此时，叶片会逐渐呈现红色。

铁线草俗称“爬地草”，这种草茎上有节，节上生根，平平地铺在地面上。夏天里，它会把自己变为干枯状，以减少高温带来的蒸腾作用。当气压降低，空气中水汽增加时，铁线草会因吸水变为白色，所以，如果看见铁线草发白的现象，也就知道了雨天即将来临。

在云南西双版纳生长着一种奇妙的“风雨花”。它的叶片扁平修长，花粉红色，苞片紫红色，花朵状似水仙，有六条长着丁字形花药的雄蕊。当它盛开怒放时，就像一根根细长的点燃的蜡条，熠熠放光。

每当风雨将至，风雨花便精神抖擞，含苞待放。风雨的降临，仿佛奏响了它迅速开放的号角，而且任凭风吹雨打美丽不衰。风雨过后，则色彩绚丽，花红似霞，映红深山老林。

自然界里，最直观、最准确的花卉气象预报员当属新西兰的“气象花”。每当它的花瓣萎缩卷曲，过不了多久大雨即来；而当它的花瓣舒展开来，当天必定晴空万里。因此，当地居民外出时都会向它“咨询”，以决定是否佩带雨具。

植物的伪装术

在严酷的生存竞争中，能够存活下来的植物，大都具备奇异的防身妙术。伪装术是其中比较有趣的拟态惑敌方法，“打不过就躲”，不只是动物在交战中惯用的战术，许多植物也具备此项本领。

生长在美国加利福尼亚州北部与俄勒冈州南部山地沼泽中的眼镜蛇草，是地球上已知的近500多种食虫植物之一。它的瓶状捕虫叶，形似一条条被激怒的眼镜蛇挺起的上身。正是这种令动物们毛骨悚然的色彩与外形，使得眼镜蛇草免于成为动物的盘中餐。

在山上微风的吹拂下，眼镜蛇草摇晃的叶子，恰似一条条昂首准备进攻的眼镜蛇，草食动物只要望见它，就吓得远远躲开。

眼镜蛇草的捕虫叶直接生在根状茎上，一般高出地面40 ~ 80厘米，外表为黄绿色并镶有红色的脉纹，有着毒蛇般可怕的警戒色。在形似兜帽的瓶子顶部，有许多天窗似的透明斑块，兜帽下面的瓶状叶变成叶片状延伸，顶端分成左右两片，恰似眼镜蛇吐出的信子，让草食动物望而生畏，但这却正是它引诱昆虫上当的地方。

“蛇信”上分布着许多蜜腺，昆虫在蜜汁的引诱下，一步步误入歧途，最终掉进瓶状叶底的液池中，成为眼镜蛇草的美餐。

有一种名为“蝎子草”的植物，不大的叶片和茎干上布满了尖尖的刺针，它是一种会将刺针和毒素结合起来使用的家伙。

蝎子草的学名叫荨麻，它的叶子像手掌那么大，有点像南瓜叶，在叶面、叶背和茎秆上，生长着无数1厘米左右透明的尖刺——单细胞螯毛”。

荨麻家族中拥有的单细胞螯毛，完全不同于仙人掌和玫瑰的硬刺。表皮毛看似纤细的外观下，拥有着比哥哥姐姐们更强大的内力，天生会注射——螯毛的成分是硅，也就是玻璃的主要成分。螯毛上半部分中间是空腔，下部的细胞壁因为已经钙质化，所以很容易折断，空腔内充满了有机酸。

人和动物一旦触及，刺入肌肤的螫毛尖端即发生断裂，有机酸瞬间被注入皮下，让“亲密接触者”奇痛难耐。凡招惹过一次的，大约没有谁愿意对荨麻说“再见”的啦。

正因如此，贪食的草食动物在觅食中遇到蝎子草时，会躲避瘟疫一样躲开。

一种叫“死荨麻”的植物，正是看中了蝎子草这一防身妙术，努力把自己“装扮”得和蝎子草一样，虽然它没有螫对方的本领，但因为有蝎子草的长相而没有动物敢招惹它。

龟甲草则是一种很有趣的沙漠抗旱植物，这种针对恶劣环境而练就的伪装术，使其不仅能够战胜沙漠里严酷的生存环境，而且吃草的动物们也因其硬硬的“龟甲”而不敢贸然造次。平时，它为了减少体内水分的蒸发，全身缩成一个半圆形，外披厚厚的鳞茎，活脱脱一只乌龟壳。雨季来临时，“乌龟壳”顶上会很快抽出一根绿色、细长、鞭状的茎，并且在较短的时间内开花结果。

龟甲草是薯蓣科的单子叶植物，与常见的山药是近亲，大部分生长在非洲南部地区的沙漠中。

澳大利亚植物生态学家拉蒙经过考察发现，生长在本国西部山峦中的三叉木，具备前所未闻的伪装术。这些聪明的灌木为了防止食草动物吃掉其宝贵的种子，就把部分叶片伪装成果实的形状，而真正的果实则长成叶片的样子。

拉蒙用当地的白尾黑背鹦鹉进行实验。他先把摘去真正叶片的三叉木枝条放入鸟笼，枝条上的果实很快被鸟吃光；若放入的是叶、果皆备的枝条，鹦鹉啄食叶片的次数是啄食真正果实次数的 3 ~ 4 倍。当它啄开一片叶子，发现并不是想要的果实时，就会丢弃，然后继续啄寻果实。毕竟鸟儿的耐心是有限的。多次失败之后，鹦鹉就再也懒得理三叉木了。所以，三叉木的伪装术相当高明，就连聪明的鹦鹉也难辨真伪。

在森林的下层植物中，往往能见到一些叶片上分布着花斑的种类。这些低矮的花叶植物如同身穿迷彩服的士兵，能巧妙地与森林融为一体，而不易被“敌人”发现。因为它们的主要敌人食草兽类的眼睛分辨颜色的能力太低了，在这些动物看来，叶片上的斑纹简直就是太阳透过大树洒在林下的光斑，光斑当然不能吃了。

植物中最高明的化妆大师要数聪明的石块植物——生石花了。在非洲南部及西南部干旱的荒漠里，布满了许许多多的砂石，生石花就混迹于这一堆堆的砂石中。对它们而言，食草动物比恶劣的环境气候更可怕。

为了逃避动物的啃食，它们把自己变得和身旁的砂石几乎不相上下。有棕黄色的“石块”，也有灰绿色的“石块”，如果不亲手去触摸一下，很难发现这一堆堆的“石块”竟然是一株株植物。因为在逆境中求生，生石花一生中绝大部分时间都要在这种毫无色彩的妆容下，暗淡度过。

然而生石花毕竟不同于石块，春季里的一场透雨过后，它们也终于耐不住寂寞，从“石块”缝里绽出一朵朵娇艳的小花，黄色、白色、玫瑰色，如酒盅般大小的花朵为荒凉的沙漠，披上了一件件姹紫嫣红的迷人外衣。旱季来临时，生石花也已经完成本年度传宗接代的使命，安然回到石块中，甘心做普普通通的“石块”，沙漠又一次恢复了往日的荒凉。

据考证，这类貌似石头的植物全世界有100多种，都属于番杏科，而且只自然生长在非洲大陆的南部。

植物界懂得伪装术的植物绝不止以上几种，然而无论植物的防身妙术有多么奇异和有趣，都是植物在极漫长的岁月中，通过遗传变异，由自然选择而逐步演化形成的。

形形色色的致幻植物

在小说《福尔摩斯探案》中，有一篇讲一个凶犯的作案手法，是借助“魔鬼草”的致幻作用，让人在迷迷糊糊中看到一群魔鬼，从而把人活活吓死。

武侠小说和古装电影里，我们也常常可以看到这样的情节——深夜，一个蒙面人悄悄潜入一家客栈，用舌尖舔破窗户纸，用类似于竹筒的什物，向房间内吹入迷魂药。不久，客人便昏睡过去，即便有清醒者，也颇感四肢乏力，任凭蒙面人翻箱倒柜，盗走钱财。

小说中的“迷魂药”，今天看来，可能是从夹竹桃科植物中提取的生物碱，叫“伊波因”。人吸食后神经会被麻痹，并伴随出现恶心、心悸、房颤、昏迷等症状。医学上，这类含有能够麻痹人大脑神经系统功能成分的植物，统称为致幻植物。

“佩奥特”是一种无刺仙人球，大约四、五厘米的球茎。在灰绿色球茎项部的小芽孢上，生有羽状的软毛，故又名“鸟羽玉”。每当生机盎然的夏季来临，从茎的中央，会开出薄如蝉翼的白色或粉红色小花。这种产于美国西南部和墨西哥北部干旱地区其貌不扬的植物，在当地土著印第安人的心目中，却有着不可思议的魔力，是至高而神圣的“魔球”。

每年特定的季节，印第安人便聚集到佩奥特生长茂盛的地方，在头领的带领下，集体向仙人球顶礼膜拜。仪式结束后，人们依次切下佩奥特茎顶鲜嫩的部分或茎上的嫩芽，含在嘴里嚼碎咽下去，然后静静地坐在一起，等待神的召唤。

“我看见了天神，我看见了魔鬼……”一些人这样说，还有人说他们遇见了死去多年的亲人……

后来，科学家开始对这一植物进行研究。一位英国医生尝试着吃了佩奥特后，是这样描述的：我的眼前，出现了一片璀璨夺目的宝石！一会儿，宝石变成了一朵朵耀眼的鲜花。又过了一会儿，鲜花化为一只只美丽的彩蝶，在我的眼前飞来飞去。总之，服用佩奥特，能使人获得一种欢悦和升华的快感。

研究发现，在佩奥特的幼嫩部分，含有一种叫墨斯卡林的生物碱。正是这种奇妙的生物碱，使食用者产生幻觉，而且致幻时间长达半天左右，它与人大脑中的神经传递介质——乙酰胆碱、去甲肾上腺素、多巴胺等很相似。

肉豆蔻，人称“麻醉果”，果实内含有豆蔻醚，这是一种带有毒素的物质，进食少量即可产生幻觉，从而曲解时间和空间，并产生超越实际的快感。

据说，非洲的土人很爱随身携带这种肉豆蔻的果实，每当身体患病或精神痛苦时，便服食少许，很快就会进入美妙梦境而忘却了自身的痛苦。

有“美丽女神”之称的天仙子，是生长在中南美洲丛林中的致幻植物。它的植株的外形非常美丽，该植物体内的天子胺能强烈干扰人的中枢神经系统，使人神志昏迷，产生幻觉。中世纪的女巫就常用这种植物制成粉末，惑众说是在深山中炼成的仙药，以此来骗取钱财。

墨西哥裸头草，是一种伞蕈科的毒蘑菇，早在多年以前常被本国的魔术师所利用。表演时，魔术师让一名志愿者当众吃下用裸头草研制的药丸，这名志愿者顷刻间便意乱情迷、真假莫辨，在魔术师的指挥下，做出许多令常人难以置信的举动。

印度也有一种伞蕈科的毒蘑菇，人吃后15分钟就开始精神错乱，轻者手舞足蹈，浑身颤抖，过量食用会导致发狂甚至死亡。这种毒蘑菇中的致幻成分是蝇状鹅膏素。此外，在远东西伯利亚的西部和北部，通古斯人和雅库特人也有吃神蘑菇的习俗和仪式，而且沿袭至今。

在南美洲巴西，有一种豆科致幻植物，体内含有大量蟾蜍色胺的毒素。如果将这种植物碾成粉末，人闻后不久即失去知觉，醒来后头部下垂，四肢松散，眼睛所看到的东西全是倒立的。

我国云南省有一种小美牛肝菌，人若误食后，先是不知疲倦地奔跑，然后会呆若木鸡，如木偶一般。到晚上，眼前有时还会出现许多30厘米高的小人，穿红戴绿、舞刀弄枪，在周围奔走穿行，使中毒者陷入深深的恐惧之中。

魔鬼果也是生长在我国云南省的一种致幻植物，为野生乔木，果似荔枝，果仁稍涩，煮熟后，味同炒熟的板栗。当地人称之为“魔鬼果”，是因为大量食用后，人会出现幻觉，胡言乱语，行为古怪，老百姓认为是灵魂被魔鬼摄去了。

众所周知的大麻、罂粟也是致幻植物，吸食后那种飘飘欲仙的快感，使多少人陷入“白魔”毒害而难以自拔。

何以如此？研究表明，人的中枢神经系统在致幻成分吗啡的作用下，会发展成一种潜伏的过度兴奋状态。当骤然停药时，神经系统兴奋会出现反跳或刺激超限现象，吸食者便表现出流涕、流泪、出汗甚至痉挛等不适症状，只有再去吸食，症状方可缓解，如此形成恶性循环。

在形形色色的致幻植物中，曼陀罗和陀罗茄尤为著名。曼陀罗是世界上使用最早、最为有效的麻醉剂，早在公元200多年前，三国时期的华佗就利用它来进行外科手术。现代医学研究表明，曼陀罗中含有一种东莨菪碱，具有显著的镇静作用。陀罗茄又叫茄参，和曼陀罗相似，拥有类似的致幻和镇痛作用。其原理也是东莨菪碱在起作用，只是其根分叉，形似人腿，故而又增添了一层神秘色彩。

对植物而言，毒素的分泌是植物为适应生存环境长期进化的结果，是防御敌人、保卫自己、攻击对手或者获取食物、抑制竞争对手、确保自身生长繁殖的有力的化学武器。

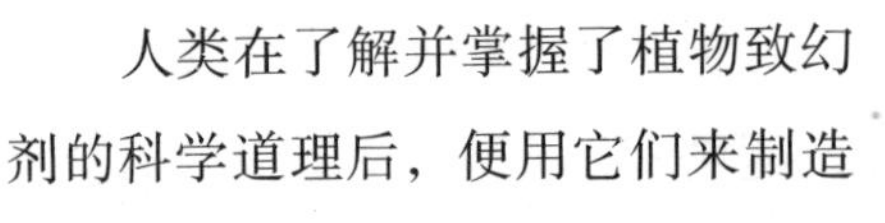

人类在了解并掌握了植物致幻剂的科学道理后，使用它们来制造模拟和治疗精神病的药品，从而开辟了一门科研新领域。

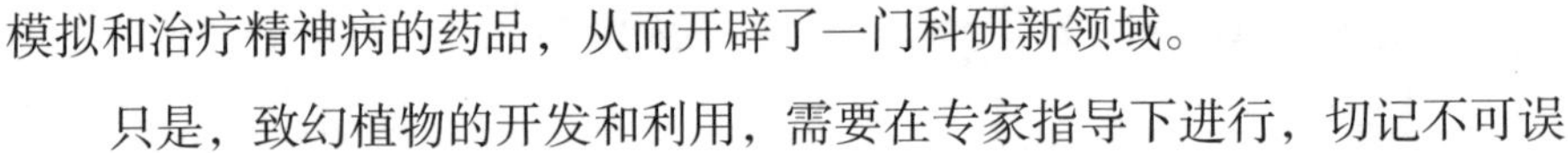

只是，致幻植物的开发和利用，需要在专家指导下进行，切记不可误食滥用。

巧施“美人计”的兰花

花朵能够引诱昆虫为其传粉，要么具备艳丽的色彩，要么拥有让昆虫迷恋的气味，还要为“媒人”备一份厚礼——营养丰富的花粉和香甜的花蜜。

但是，也有例外的。一些兰科植物，天生不具备这些条件，并且也不想“等价交换”，它们采取的是骗术，却让昆虫心甘情愿地为其牵线做媒。

每当春回大地，在北美和地中海沿岸的草丛中，角蜂眉兰绽出小巧而艳丽的花朵，静静地等待“媒人”——雄性角蜂的到来。

仔细端详，不得不感慨角蜂眉兰细腻的心思：花瓣最下端的一枚唇瓣，也是最大的一枚花瓣，特化成圆滚滚、毛茸茸的雌性角蜂的下半身——浑圆的肚子，光溜溜的后背，边缘生长着一圈褐色短毛，恰似昆虫的体毛，毫发毕现。

眉兰还会根据生长地的不同，在“角蜂”的后背上，涂抹上醒目的蓝紫色或棕黄相间的斑纹，好让自己的花朵更接近当地雄角蜂眼中的“大美人”形象。

两对唇瓣，对称地从腰部伸出，长度和外形，一如角蜂、胡蜂或苍蝇的两对翅膀。头部的设计是重点也是花心思最多的地方。眉兰让花柱和雄蕊结合长成合蕊柱，样子从外形上看是角蜂的头部，有鼻子有眼，甚至连雄蜂脑袋的位置都预留好了。雄蜂一旦赶来赴约，头部自然而然会接收到眉兰想要传递出去的“爱之吻”。

角蜂眉兰的拟态，只是它生殖策略的第一步，接下来，它还会分泌出类似于雌性角蜂荷尔蒙的物质，这模拟的性信息素，会让雄性角蜂们瞬间性激素爆棚，完全没有了抵抗力。

角蜂眉兰设计的花期也恰到好处。当眉兰“化妆”完毕，恰逢角蜂的羽化期，一些先于雌性个体来到世间的雄性角蜂，正急于寻找配偶，在眉兰散发的雌性荷尔蒙的引诱下，急匆匆赶来，赴一场爱的“约会”。

恋爱中的雄性角蜂，看到草丛中摇曳的角蜂眉兰花朵后，很庆幸这么快就交了桃花运，会迫不及待地上前拥抱“意中人”。翻云覆雨间，它的头部正好碰触到角蜂眉兰伸出的合蕊柱，雄蕊上带有黏性物质的花粉块，便准确的粘在雄蜂多毛的头上——这在生物学上有个术语叫“拟交配”。

待雄蜂幡然醒悟后，只好悻悻地飞走。但此时，背负花粉块的雄蜂，已经被“爱情”冲昏了脑袋，求偶心切的它，再次被花朵释放出的雌性荷尔蒙吸引，就像被酒香勾去了魂的醉汉，毫不迟疑地冲向“美酒”——另一朵眉兰，再次殷勤“献媚”，角蜂头上粘着的花粉块，便准确无误地传递到这位“骗子”眉兰的柱头穴里……可怜无数痴情的雄性角蜂，为了一只只酷似蜂美人的花朵神魂颠倒、前赴后继，在雄性角蜂集体的不淡定中，角蜂眉兰只使用了“美人计”，而不用付“工钱”，就搞定了异花授粉！

有意思的是，成功授粉的角蜂眉兰，立马释放出一种让角蜂作呕的气味，这气味在角蜂闻来，犹如花季少女的体香一下子变成了老奶奶的汗臭，避之唯恐不及。

在这场骗婚案中，角蜂眉兰以非凡的才华，穿越动植物界间的屏障，将植物“骗术”演绎得登峰造极。从颜色到形态，再到气味，角蜂眉兰做到了全方位、多角度的模拟一种昆虫，让貌似强大的动物，在小小的植物前，也乖乖地俯首称臣。

有人会说，假如雄性角蜂飞到别的兰花品种上去，怎么办？

其实，这种情况通常是不会发生的，因为不同形状的兰花花蜜的气味是不相同的，蜜蜂和昆虫一天当中只对一种味道感兴趣，它们的口味很专一。要是找不到同样口味的花蜜，它们宁肯不断飞舞寻找，也绝不会降落到其他品种的兰花上。更何况角蜂是把眉兰当成它的异性朋友呢，就更不会弄错了。

水桶兰，为了骗取“媒人”的青睐，也想尽了办法。

水桶兰的唇瓣，既像水桶，又像婴儿摇床，它的智慧是从花瓣打开的那一刻显现的。随着花瓣的舒展，从花中心腺体部位流出的“花蜜”，渐渐汇集到水桶状的唇瓣里。

这“花蜜”，从气味到形状，都像是我们食用的香油。花蜜的味道，在花瓣张开的过程中，逐渐氤氲在水桶兰周围的空气里，将四周的植物邻居、小昆虫和水域，全都笼罩在里面，很是霸道。

甚至，连 8 千米之外的雄性“尤格森”蜜蜂，也吸引过来了。

在“醒目”路标的指引下，雄性尤格森蜜蜂会火速赶来。这些蜜蜂来这里并不是为了采蜜，而是为了早一点进入“爱情”。为了吸引异性，雄性尤格森蜜蜂懂得采集“催情剂”——水桶兰花朵分泌出的蜜汁。呵呵，小昆虫这么早就会使用“春药”了哈。

赶过来的尤格森蜜蜂，先停落在“水桶”边缘，开始用前腿伸入桶内蘸上蜜汁，一下又一下仔细地涂抹到身体的其他部位，为自己做一个蜜汁 SPA。可水桶边缘太滑了，一不小心，蜜蜂就滑入到水桶兰的蜜汁里。

蜜蜂终于“上钩”啦，这才是头盔兰不吝制造如此浓香蜜汁的真正意图！

身陷蜜池的蜜蜂在里面拼命折腾，但水桶的倾斜度和黏滑的墙壁，都令蜜蜂难以逃脱。这种茫然而绝望的舞蹈，眼看着就要以蜜蜂的精疲力竭而画上句号。

到这个时候，水桶兰觉得时机已经成熟，这才“协助”蜜蜂踏上“逃亡之旅”——给它展示唯一的一条活路，水桶的一侧有一个通向花粉管的喷嘴状开口，这开口也是为蜜蜂量身定做的！

慌不择路的蜜蜂，一旦进入花粉管，花粉管就会像弹簧那样不断紧缩，阻碍蜜蜂的快速逃离。花粉管的终端是头盔兰的花粉囊，雄蕊就藏在里面。在蜜蜂被困在花粉管内挣扎的大约 10 分钟的时间里，头盔兰可以从容地分泌出一种胶水，将花粉牢牢地粘在蜜

蜂的背上！

大约10分钟后，背着花粉的蜜蜂终于爬了出来。待蜜蜂晾干翅膀，它又可以重新飞翔时，蜜蜂似乎已经忘记了自己刚刚经历的垂死挣扎。它又会在另一朵水桶兰蜜汁的引诱下，再次跌进另一“桶”花蜜里，重复“表演”滑入、挣扎、小孔逃生等一系列水桶兰设计的“动作剧”。

不同的是，这朵花会用花粉管顶端的一种特殊“设备”，获取蜜蜂背上携带的花粉，将它完整“搬运”到雌蕊柱头上——至此，水桶兰圆满完成了异花授粉。

传粉完成后，水桶兰把绚丽的花瓣，紧缩成一块皱皱巴巴类似于抹布的黄色组织，关门大吉。此时，雄性尤格森蜜蜂，在经历了两次全身“春药”SPA后，颠儿颠儿地约会“情人”去了……

年复一年，水桶兰在属于自己的小小水桶里，对尤格森蜜蜂实施着这个有惊无险而结局美好的策略，传宗接代。

在澳大利亚，科学家还发现了一些表演更出色的拟态兰花，它们所模仿和欺骗的对象是一类被称为托尼得的黄蜂。

这种拟态兰花属于锤兰属中的弯头兰。锤兰的唇瓣小巧而丰满，不仅外形与黄蜂惟妙惟肖，上部具有一个细长的“头”，圆滚滚的“身躯”上布满了纤毛，有着与雌黄蜂相似的尖“尾”，而且，它们也能释放与雌黄蜂性信息素相似的化学物质。

奇妙的是，锤兰的唇瓣远离花朵的其他部分，中间靠有关节的臂相连接，因此唇瓣可以在风中上下摆动，犹如一把抡起的锤子。当受骗的雄蜂抱住假雌蜂的身体“求爱”时，雄蜂的身体就会沿着唇瓣的运动路线翻转近180度，使背部正好接触到了合蕊柱的顶部；一旦雄蜂的这种“求爱”动作在另一朵花上再次上演时，锤兰便完成了授粉大业。

瞧，锤兰是如此的有“心计”，雌黄蜂有这样的一个竞争者，大概也不会高兴。

兰花世界中，有一种名叫留唇兰，它的骗术也很有意思。留唇兰会模拟蜜蜂的形态和色泽，它的花没有性别区分，也不会模拟雌性的体味。

田野里，一大片留唇兰在风中摇曳，恰似一群好斗的蜜蜂在飞舞示威。而蜜蜂是一种社会性昆虫，其领地观念特别强，它们是不会容忍自己的领地上有入侵者的。

当蜜蜂发现有“其他蜂”在自家领地上摇头晃脑时，便群起而攻之，结果正中留唇兰的“下怀”，蜜蜂的大肆攻击对留唇兰毫无损害，反而帮它传播了花粉。

科技让植物的“旧貌”换“新颜”

人一旦生病，就不得不吃药打针，然而良药苦口难以下咽，况且吃药还会产生副作用，于是，如何利用科技手段将难以下咽的药变成美味佳肴，就成了科学家攻关的课题。

经过无数次探索，专家们终于想出了办法，这就是利用植物来代替人吃药。植物没有人那样娇贵，它们不计较口味，对高浓度的矿物质有较强的耐受力。植物通过根部将药物吸收进入到植物体内，经过植物体的新陈代谢，把无机盐变成有机物的组成部分，从而使药更容易被人体吸收。

硒是一种人体不可缺少的微量元素，是防治克山病的良药，对人的心血管也有好处。可是，硒盐非常难吃，而且不易被人体吸收，过量服用还有较大的副作用。如果让植物先吃下硒盐，人再吃富含硒的植物，问题就解决了。科学家在小麦地里施入硒肥，向土壤喷洒硒盐，结果收获的小麦中含硒量大大增加了。人们食用麦粉而不用吃药就可以补充必需的硒了。

美国康奈尔大学植物研究所的研究人员培育了一种能增强人体免疫功能的香蕉。人只要吃上一个香蕉，就会像注射疫苗一样，可以避免乙肝、霍乱和痢疾等传染病。

科学家在种植这种香蕉时，将某种改变了形式的病毒疫苗注射进香蕉树，在以后的生长过程中，该病毒的遗传物质就会永远成为植物细胞的成分。人食用后就会在免疫系统中产生抗体，来抵御该病毒的侵害。

一棵含有疫苗的香蕉树，可产大约45千克香蕉，若将这种香蕉制成粉状食品，更便于婴儿食用。一个人每年吃上一两个香蕉，就能起到预防该种疾病的作用，这多方便呀，也可以免受针管注射之痛。

生物技术是自20世纪50年代以来，在了解遗传基因密码方面取得突破的基础上发展起来的。目前，生物技术中的遗传工程最受人重视，因为依靠它可以制造出自然界还没有的生物，人为地进化出新品种，从而给人类生活带来无限希望。

从一条北极鱼身上取出一个基因，接到草莓基因上，就会使草莓在低于零度的温度下也能正常生长，人们也就能够一年四季吃上新鲜的草莓了。

豆科植物能够吸收空气中的游离氮制造氮肥。如果把它的固氮基因植入其他粮食作物，就可以省去施加氮肥，这样，不仅能降低成本，还能减少环境污染。

科学家还从能够制造毒素杀死害虫的细菌中分离出基因，移植到棉花身上，使棉花具有杀虫能力，这种方法推广应用之后，喷洒农药就将成为历史了。

中国科学院遗传所用豇豆内的制造胰蛋白酶抑制剂的基因，培育出了抗虫烟草，害虫吃了这种烟草，尽管胃吃得撑撑的，却无法消化蛋白质，最后只好被活活饿死。

英国的科学家不久前宣布，他们发现了一系列控制草莓色、香、味的基因，从而使草莓的酸、甜、青、红都可以由人操控。

英国中部沃里克郡“国际园艺研究中心”的专家发现，草莓的酸度、甜度和香味都是由特定的基因决定的。比如，草莓植株中含有一种蛋白质，主要负责将糖分由植株的韧皮部运输到草莓果实细胞中去，这种蛋白质对草莓的甜味起决定作用。科学家识别出了控制这种蛋白质产生的基因，若使基因超负荷工作，就可以增加草莓中的糖，草莓也因此变甜了。

科学家说，利用特殊的分子标记物，可以发现哪些草莓中含有良种基因，再借助传统的杂交育种等办法，就能培育出更甜更香的“超级草莓”新品种。

有人还打算将含有人体基因的细胞植入普通树中，使这种“基因树”从此带着人类的基因世世代代繁衍生息。

也许这种念头很荒唐，但若是不敢想，怎么会创新呢?

也许有一天，人类将逝去亲人的DNA植入一棵桃树，当春天桃花满枝时，站在树下的我们，心中肯定别有一番感受，而这种感受肯定与瞻仰一座冷冰冰的墓碑有所不同。

第四章 植物宝贝

植物“特务”

1952 年，我国地质工作者通过一种名叫海州香薷的多年生草本植物的指示，找到一个新的铜矿；欧洲在勘探锌矿的早期，就发现一种开黄花的卢叶堇菜，对浅层的锌矿有指示作用；忍冬丛生的地下可能有银矿；大量生长矮生樱桃和刺扁桃的地方大都是石灰岩；紫云英大量疯长的地下可能藏有硒矿；蜈蚣草、岩凤尾蕨是钙性岩石最直接的标志……

这些可爱的植物，对于地下矿藏来说，充当着“特务”的角色，为人类探矿提供了宝贵而可靠的情报，从而成为人类寻找矿藏的好帮手。

那么，植物何以能够指示矿藏呢？原来，指示植物生长时，需要一定数量的特种金属元素。埋藏的矿物，在漫长的地质年代里，部分化学元素已渐渐变成能被吸收的离子状态。植物根部细胞在吸收水分时，金属离子也相随进入细胞，即借助存在于细胞膜上的有识别、选择能力的载体——透过

酶，进入细胞内部而积聚起来，并运转到茎、叶、花、果或种子里。所以，如果在一个地方发现对某种金属特别嗜好的植物，就说明该地区可能存在着某种金属矿藏。

这就是为什么探矿家每走一段路程就要搜集一些植物的枝、叶、花和果实等，放在有编号的口袋里，并在地图上记下号码。他们回到实验室后，把这些标本进行化学分析，便可获得地下矿藏的线索。

探矿植物在人类开采地下矿藏，特别是在开采稀有矿藏方面，曾经立下过汗马功劳，因此，人们将它们一一登记造册，作为探矿时的重要参考指标。

例如，生长三色堇的地方可能有锌矿，生长针茅的地方可能有镍矿，生长喇叭茶的地方可能有铀矿，生长灰毛紫桤槐的地方可能有铅矿，生长石南草的地方可能有钨矿和锡矿，开蓝花的羽扇豆的地下可能有锰矿，生长羊栖莱的地方可能有硼矿……

另外，同一种矿藏可以有几种不同的指示植物。例如，铜矿指示植物除了海州香薷以外，在澳大利亚还发现有种石竹科的植物，挪威发现了石竹科不同种的植物，乌拉尔发现一种开蓝色花的野玫瑰，它们都可以被用来指示铜矿。

又如，除了三色堇能指示锌矿外，还发现紫罗兰和芸香也能够指示锌矿。

那么，为什么作为某种金属矿的指示植物只有少数几种呢？因为含有某种金属矿的土壤里，这种金属元素的含量会很高，大部分植物因为忍受不了高含量的金属而无法生长，最后逐渐被大自然淘汰，只有极少数耐受力较高的植物勉强生存下来，并在长期的自然选择中得到了发展，成为如今“特务”一般的探矿植物。

利用植物“淘金”，可以说是在植物探矿之后，人类的又一大收获。

长期生活在含有某种金属元素土壤里的植物，它们会把周围土壤里富含的矿质元素或微量物质浓集到自己的体内，科学家称之为“生物富集”。

植物体聚集金属的本领，有时非常惊人，很多植物烧成灰后，灰中竟含有20%以上的金属。

前文讲过紫云英是硒矿的指示植物，当人类在它的指示下发现了一处含量丰富的硒矿后，开采时甚至可以不需要现代化的开采设备，而是大量种植紫云英，以植物淘金的方法获取硒。

紫云英生长很快，一年可以收割几次，人们把紫云英割下以后，晒干烧成灰烬，从灰烬中提取硒，每公顷紫云英可以提取2.5千克的硒。

用植物淘金，不仅经济实惠，而且对环境不造成破坏。

1934年，捷克斯洛伐克的化学家巴比契卡和涅美克，在沃斯兰地区1000千克玉米灰里竟获得10克的黄金。他们把当地生长的向日葵、冷杉等植物烧成灰，同样也获得了黄金。石松是一种蕨类植物，它对铝十分“偏爱”，不仅能从土壤中吸取铝，还善于将铝元素保存在自己的身体组织内。采矿者只要把石松烧成灰后，就能从中获得工业上需要的氧化铝。

中朝边界地区有一种树叫铁力木，其木质坚硬，落水即沉，生就一副钢筋铁骨的身躯。刀枪不入，铁钉也钉不进去，这是由于铁力木大量吸收了土壤里富含的硅元素所致。人们不但在那里找到了硅质土，还从中得到启发，通过增施硅质肥料来提高树木的硬度。

同样的方法，可以增加水稻、小麦等农作物的茎秆强度，提高其抗倒伏能力。

钽是一种稀有金属，提炼很困难，但紫苜蓿却能吸收钽，可紫苜蓿又是优良牧草，将它烧成灰提炼钽太浪费了。后来，科学家发现，紫苜蓿花粉中钽的含量非常高，于是就想出个一举两得的办法：他们在牧区大量放养蜜蜂，紫苜蓿从土壤中吸收钽，蜜蜂采集花粉酿制蜂蜜，人从蜂蜜中提取钽。这样，紫苜蓿不用烧毁，仍能喂牲口，蜂蜜经过提炼，依然是营养丰富的食品，而人们也获得了稀有的钽。

利用植物探矿与淘金，在注重环保的今天，具有广阔的应用天地，相信随着科技的发展，人们在探索植物探矿与淘金方面，会取得更大的成绩。

利用植物发电

众所周知，植物可以美化环境、净化空气，如果，想要在能源匮乏的今天，利用植物发电，会不会只是一种美好的愿望？

美国的农业科学家曾做过一个有趣的实验，他们把一盆绿色植物放在早晨八九点钟的太阳光下，利用光电效应的原理，用一个特定的仪器和灵敏的电流表竟测出了 15 微安的电流。随着绿叶受光强度的增大，绿叶所产生的电流也随着增强。15 微安的电流虽然极其微弱，但是电流的出现却肯定了植物可以发电这一设想。

1981 年，英国基得明斯特市的一名钟表匠托尼·埃希尔，也做了一个类似的趣味试验。他在一个柠檬的末端插入两个电极，一根由锌制成，另一根由铜制成，然后把两个电极与小型钟表电动机的电路相连。结果，令人吃惊的现象出现了，电表的指针开始正常走动，就像接上电源那样，这个柠檬“发电机”足足使钟表走了 5 个月。

这两项实验均证明，植物中蕴含的能量可以发电，无论是绿叶电池还是柠檬电池，虽然其电量微乎其微，却使许多科学家看到了植物发电的曙光，并且开始了致力于植物发电的研究工作。

美国俄亥俄州立大学的生物化学家伊丽莎白·格洛丝及其同事，以植物发电为课题进行了一系列深入的研究。他们把植物活细胞成分和人工合成的生化制品结合起来，制成一种巨大的特殊叶细胞。这是一项十分复杂的过程，他们先利用从叶绿体中仔细分离出来的颗粒，成功地制成了以植物为基础的光电池，而后，又根据叶绿体光合作用的原理，制成了以完整的叶绿体为基础的电池，因为完整的叶绿体比较容易从植物组织中分离出来。

格洛丝把叶绿体涂在微型过滤薄膜上，用这种薄膜来分割两种溶液。一种溶液中含有释放电子的化学物质，另一种溶液则含有电子受体。当光线透过电子受体溶液，照射到叶绿体上时，两者都受到激发，电子从释放电子的溶液中通过叶绿体进入电子受体溶液。

研究者发现，由于某些电子受体分子对光非常敏感，因此，哪怕是使用死的叶绿体也会产生电压。他们根据覆盖在薄膜上的叶绿体面积，计算出总光能中立即转化为电的最多只有 3% 左右，其中叶绿体提供的约占三分之二。

叶绿体的体积微小，一棵中等的樟树或梧桐树约有20多万片树叶，每片树叶细胞内部结构中有许许多多的叶绿体，如果把这棵树的叶片都摊开来计算，那么，叶绿体的总面积可达23000平方米，这就相当于覆盖同等面积土地的太阳能转换站。

所以，用植物电池生产电，在理论上是完全行得通的，但是要使它达到实际运用，还有相当多的问题亟待解决。

首先，要精确测出叶绿体对电池的效率究竟起多大作用，是很困难的，因为“植物电池”中的生物系统和化学系统很可能是协同动作的。也就是说，整体的效率要比各单个系统的作用简单相加的效率大。更重要的是，这种电池还能贮存大量光能，因而测量瞬间能量转换效率会造成错误的影响。

利用植物发电的研究虽然困难重重，但“植物电池”的优越性却是不言而喻的，它比传统的光电池还要有用，因为光电池只有在光线照射下才会产生电能，而植物电池在连续照明半小时后，在黑暗中还能继续保持电压1个小时之久。

并且叶绿体的优点在于不论是春、夏、秋、冬，晴、阴、雨、雪，它都能吸收光能并转化为电能。如果在房屋周围广泛植树，在墙边种植紫藤、凌霄、爬山虎等攀缘植物，构成厚厚的多层覆盖的叠式植物群。不仅房舍周围绿树成荫，而且每户人家可以自成体系地建成一个绿叶发电厂。这将是无尘、无污染、无噪音，最富有生命力的新型发电厂——植物发电厂。

因此，在今天，越来越多的科学家以极大的热情和兴趣，投入到植物发电的研究中。

绿色能源库

随着生活水平的提高，人们对于能源的消耗量也日益增强，工矿企业、现代化机器及交通工具等日日蚕食着地球上蕴藏的能源。

人类现在使用的能源主要是煤和石油，但按照目前的消耗速度，不出200年，煤与石油资源统统枯竭，全世界将面临能源危机。

于是，科学家们想到了植物能源，希望能从种类万千的植物王国中，找到煤和石油的替代品。

研究光合作用而获得1976年诺贝尔化学奖的美国加州大学教授卡尔文，认准了这样一条思路：植物通过光合作用把太阳能转变为化学能，以碳水化合物的形式贮存于体内；碳水化合物中的碳和氢能组成烃，而烃恰恰是石油的主要成分。于是，他确信，肯定能够找到一种能直接产出烃的植物。

卡尔文带领着一个研究小组，开始了对数千种野生植物进行严格测试与筛选，足迹遍布世界各地。功夫不负有心人，最后他终于如愿以偿地找到了一种能产生烃的大戟科植物——续随子。这种生长在半干旱荒漠里的多年生草本植物，它的茎叶里充满了白色乳汁，乳汁中2/3是水，1/3是烃。

卡尔文把这种乳汁中的烃提炼出来，再经过一定的加工，制成了植物汽油，把它加入油箱，奇迹发生了，装有植物汽油的发动机一样能够发动汽车！卡尔文进一步研究发现，每年每英亩的续随子能产约10桶油，而在美国西部4万平方千米的地区，都适于栽种这种植物，理论上，这些续随子一年内就可以提供2.56亿桶的油。

有关植物汽油的新闻一下子轰动了全球，于是，世界各地掀起了一场寻找植物能源的热潮。

澳大利亚的生物能源专家从野草中也找到了两种石油植物——桉叶藤和半角瓜。这两种多年生的植物，生长很快，每周可长高 30 厘米，一年可以收割多次。这两种野草的“石油”含量也相当高，每公顷可出 65 桶“石油”。在 13 万平方米的土地上种植这些野草，每年能生产 20 万桶“石油”。

菲律宾的银合欢树，也是一种能产“石油”的植物，他们种植了 120 平方千米银合欢，估计到第 8 个年头能提供原油 100 万桶。

巴西的一个能源专家组，用了近两年的时间，对巴西高原热带丛林中的数千种植物进行了广泛的考察和研究，发现了 700 种藤本植物，都能分泌出白色的乳汁。这些白色乳汁，通过加工可以分离出有多种用途的液体燃料，有的可提取柴油，有的可提取汽油，还有的甚至能从中获得高级航空燃料油。

能源专家认为，在不久的将来，可能有专门的工业部门来加工制造这些植物汽油。因为这类植物资源丰富，生长迅速，四季均可采收“原油”——植物乳汁。

油楠是不久前中国林业科学院热带林研究所在我国南方发现的一种“柴油树”，它属于苏木科。油楠生长在海南岛尖峰岭、吊罗山、霸王岭三大林区，树高约 30 米，树干直径有的达 1 米以上。

油楠的心材部分，能形成棕黄色的油状液体，颇似柴油，林业工人和当地的农民习惯用它来点灯照明。一般情况下，油楠长到 12 ~ 15 米高时，就能产“油”。采伐过程中，有的植株当锯到心材时，“柴油”就顺流而出；有的则在伐倒的树干断面上，渐渐

分泌出“油”来。若在正生长的树干上钻个洞，洞口即可流“油”。一棵大树每采集一次，能得到 3 ~ 4 千克“油”。

油楠在东南亚许多地区都有分布，在菲律宾等国，居民也常采集油楠油来点灯。另外，油楠油还可用来做香料和治疗皮肤病。

汉咖树是一种野生果树，最早发现于菲律宾的阿巴耀省。果实内含 15% 的酒精，可以直接燃烧，燃烧时冒蓝色火苗。这种果树，生长三年就可结果，每年开花三次，每棵树每次可收果 15 千克。菲律宾当地居民都用这种果油来点灯照明。目前，菲律宾正在研究用这种果油作为内燃机的燃料，并且已制订了开发计划。

海洋占地球面积的 71%，如果能在大海中养殖能源植物，将有更大的潜力。面对成千上万种海洋植物，科学家首先选中的目标是巨藻，因为它是海洋中生长最快、身体最长最大的植物，一般长度约为一百米，有的能长到三四百米，最长的可达五百米以上。

巨藻何以能成为能源植物？这需要某些微生物的帮助。

人们先把巨藻切碎，然后加入所需微生物，在一定的温度压力下发酵，几天之后便会产生出类似于天然气的可燃性气体。

1000 吨巨藻能制取 4 万立方米的气体燃料，这使它成为前途无量的能源植物。美国和日本已在沿海地区开辟了大片海域种植巨藻，我国也引进了巨藻，让它在黄海安家落户。

从植物中获得“石油”，既经济又省事，且在燃烧时不产生二氧化硫及其他有毒成分，所以对大气污染极其轻微。

若能大面积栽培，那么人们就可以从这些“活石油井”中源源不断地获得能源

了。开发利用石油植物，实际上是开发、利用太阳能。因为这些石油植物生产的“石油”，都是它们通过光合作用把简单的无机物变成人类有用的燃油，从而把太阳能“禁锢”在植物“石油”之中。

奇妙的植物激素

激素是很奇妙的物质，它们在植物体内分工不同，却有着难以想象的巨大作用。科学家从植物体内已经分离出了多种激素。

如果说植物激素是一个大家族，那么生长素、赤霉素、细胞激动素、脱落酸和乙烯则是这个家族中精明强干的五个兄弟，植物生长发育的重要环节都离不开它们的参与。

生长素，顾名思义，是负责植物生长的激素，它在五兄弟中俨然老大，在植物体内生长最旺盛的地方，如芽尖和根尖等处合成，然后根据植物所处的环境条件，譬如阳光、温度、湿度等随时发号施令，指挥调度各器官从容应对——应该怎样生长，或长到什么程度最为合适。

老二赤霉素的使命主要是帮助老大合成生长素和抑制生长素的分解，进而使生长素的量增加，使植物细胞伸长。除此以外，赤霉素对于某些长日植物，如天仙子、金光菊、黑眼菊等植物来说，可代替光照条件；而对于某些冬性的长日植物，如胡萝卜和甘蓝等又可代替低温，也就是说不用经过春化就可以开花。另外，赤霉素还可以唤醒种子与块茎的休眠，促进萌发，大大提高出苗率，诱导单性结实等。

细胞激动素天生便具备孙悟空施展分身术的本领，能使细胞 1 个变 2

个，2个变4个，4个变8个……如此这般，随着植物细胞的不断分裂，数量越来越多，植物的躯体自然变长变壮了。它和生长素的不同，在于它的主要作用是促使细胞分裂，而不是伸长。

随着天气渐渐转凉，秋风乍起，植物也该准备过冬休息了。此时轮到了四弟脱落酸走马上任啦。它会促使植物加快落叶，减少水分的蒸发，以保护植物免受冻害。

不仅如此，脱落酸还拥有其他的能耐。研究发现，当植物处于干旱状态时，体内的脱落酸会自动增加，以帮助叶面的毛孔关闭，迅速降低水分蒸腾。因为植物体自身调节的效果毕竟有限，因此每逢旱季，人们会给植物喷洒适量人工制造的脱落酸，以帮助植物提高抗旱力。

激素五兄弟中的小弟名叫乙烯，可别小瞧它，我们能吃到香甜可口的果实，全凭乙烯的功劳，因为它负责分管果实的成熟，因此人们又叫它催熟激素。

在各种水果中，梨释放乙烯的本领最大，人们有时就用梨代替乙烯充当催熟剂。假如你想让苦涩的柿子尽早变甜变软，不妨这样试一试，把几个柿子和两只梨一同放入一个塑料袋中，扎紧口。你会发现，和梨放在一起的柿子，肯定比柿子单独放要熟得快，也软得快。

应用乙烯在生活中的另外一个常见例子是催熟香蕉。

由于香蕉在成熟后不耐运输和贮存，因此香蕉生产者会在香蕉还没有成熟时就将其采摘下来，等安全运到销售地后，再往香蕉上喷洒乙烯，青涩的香蕉很快就会变为成熟的黄香蕉了。

奇妙的植物激素，在植物体内扮演着重要角色，它们既有明确分工、又密切配合，植物体必须依靠它们才能生长、发育、开花、结果，生生不息。

值得一提的是，植物体内还有许许多多的激素，人们了解得不是很清楚，或者，干脆不为人知，它们的神奇功能还有待人们去探索、去发现，当人们充分掌握它们之后，就能造福人类。

不久前，美国的里斯教授在一个偶然的机会中发现了一种叫白色酵的新型激素。它的神奇作用，犹如魔术般令人不可思议：在农田中只要喷施1克白色酵，就可以使66公顷土地的农作物增产21% ~ 67%。

氮肥工厂

植物生长离不开各种肥料。目前，虽然人工可以合成肥料，但是化学肥料在滋养植物的同时，也会污染我们的生存环境。

氮是植物生长不可缺少的元素，是合成蛋白质的主要来源，空气中约有4/5的氮气，可惜植物却无法从空气中直接吸收它们。

豆科植物的根部长有许多小瘤子，这种“肿瘤”既不是病害，也不是虫害，相反，有了这些“肿瘤”，豆科植物心里才踏实呢！因为它们对植物是有百益而无一害的。

不同的豆科植物，瘤子的形状也不相同，大豆的肿瘤为圆形，豌豆的根瘤是椭圆状，而苜蓿的瘤子却是手指状……尽管外形各异，但不妨碍拥有相同的功能——固氮。

谈起根瘤的固氮功能，就不得不说瘤子里寄居的根瘤菌。正是根瘤菌把植物无法利用的空气中的氮，转变成植物可以利用的有机氮化合物。

根瘤菌用肉眼是看不到的，在显微镜下可就原形毕露了，有的像短粗的棍子，有的像圆皮球，也有的是X形或T形。

根瘤菌平时生活在土壤中，以动植物残体为养料，自由自在地过着腐生生活，当土壤中一旦有豆科植物生长时，根瘤菌就如获至宝，迅速向其根部靠拢，并从根毛拐弯处进入根部安营扎寨。豆科植物的根部细胞在根瘤菌的刺激下加速分裂、膨大，于是形成了大大小小的“肿瘤”。

瘤子为根瘤菌提供了理想的活动场所，根瘤菌又会卖力地从空气中吸收氮气，为豆科植物制作氮素大餐，使它们枝繁叶茂、欣欣向荣。

豆科植物一生中，积累的氮元素约 2/3 是由根瘤菌固定的，特别是豆科植物从开花到子粒的形成时期，是根瘤菌固氮活性最高的时期，占一生全部固氮量的 80%。

1 亩大豆一生中，根瘤菌能固定空气中的氮素 6.5 千克，折合硫酸铵 38.5 千克；1 亩豌豆一生可以固氮 18.5 千克；折合硫酸铵 67.5 千克；1 亩三叶草一生可以固氮 10 千克，折合硫酸铵 50 千克。

所以，不但豆科作物田里不再需要是大量氮肥，就是第二年再种其他作物，也会长得比平时好。农业上，常常在一块大田里让豆科作物和其他作物轮种而获得增产，道理就在这里。

如果说豆科植物的根瘤，是一个个小小的氮肥加工厂，那么，满江红则是水中的氮肥厂了。

满江红是一种小型的蕨类植物，它的相貌独特，看上去像一团粘在一起的芝麻粒浮在水面上，水下有一些羽毛状的须根。仔细观察就会发现，这些“小芝麻”就是满江红的叶。它们无叶柄，交互着生在分枝的茎上，每一片叶都分裂成上下两部分。上裂片在春夏，身披绿装，到秋天就变成了紫红色浮在水面上；下裂片几乎无色，沉在水中，上面生有大小孢子果，能够分别产生大小孢子。所以，在有大量满江红生长的水面上，常常会出现春夏一片绿，秋天一片红的迷人景象。

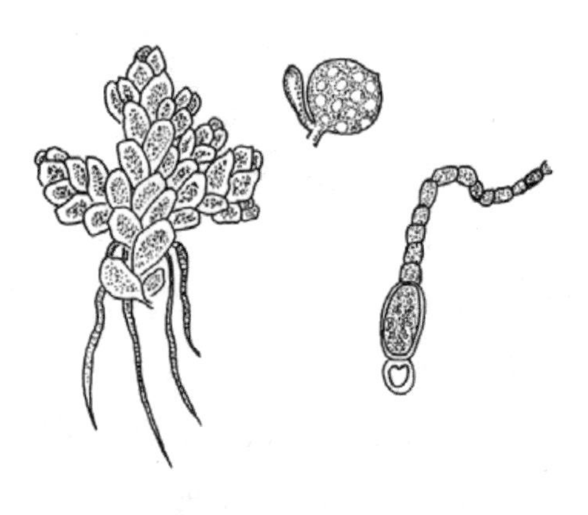

满江红能增加水田肥力的奥秘，就在它那芝麻粒大小的叶子中。

其实，满江红是蕨类植物和固氮蓝藻的共生体。在显微镜下观察它，就会发现，在满江红叶的上裂片下部有一个空腔，腔内有一种叫鱼腥藻的蓝藻共生。鱼腥藻用自己奇特的固氮本领，将空气中的氮，变成氮肥供满江红享用。

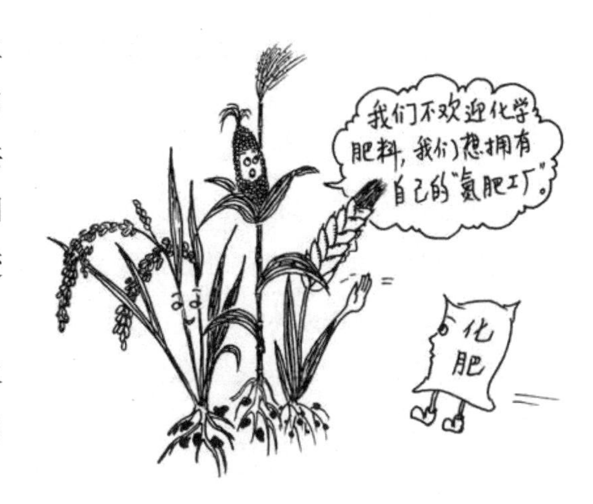

所以说，是鱼腥藻让水生蕨类植物，成了赫赫有名的绿色肥源。

只要环境适宜，满江红的生长和繁殖十分迅速，它大面积地覆盖在水面上，好像盖了一层绒绒的毛毯，景色十分艳丽，它不仅是优良的绿肥植物，还可以做家禽的饲料。

商陆是一种适应性很强的多年生草本植物。根肉质肥大，形如萝卜，根系发达。不论是砂土还是红壤土，不管土壤肥沃还是瘠薄，它都能长得枝繁叶茂。因此，商陆不仅是水土保持方面的“标兵”，而且在土壤肥效方面，也表现出非同寻常的能力，有人亲切地称它是“荒地的绿化先锋”。

经过测试得知，商陆一般含氮 2% ~ 3%，含磷 0.3% ~ 0. 6%，含钾 2% ~ 4%，干物质含量在 9% ~ 31%。大量肥效实验表明，商陆的肥效比青草和青叶效果好，除其本身含肥分高外，还因其茎叶细嫩，易于腐熟分解被作物吸收。

在倡导环保的今天，无污染、无公害的绿色“氮肥工厂”显得弥足珍贵。

科学家试着将豆科植物根瘤细胞中的遗传物质，移植到小麦、水稻、玉米等农作物的细胞中，使每种植物都有能力自行开办一个小小的氮肥工厂，或者教会它们与根瘤菌共生。但是，这些探索目前尚处于起步阶段。

天然树汁饮料

凡去过森林的人都知道，林子里的空气清新湿润。

这是因为，每棵树都称得上一台小型抽水机。靠树叶的蒸腾作用，土壤里蓄积的水分被源源不断地运入植物体内，再被运送到叶、花、果实，没有被利用的水分便以水蒸气的形式进入大气层，这就是林中空气湿度大的原因。

通常情况下，植物蒸腾的水分与吸入的水分基本平衡，然而在高温干旱的沙漠地区，植物为了生存，蒸腾作用逐渐退化，于是一些植物体内便贮存了很多水分以度过旱季。

非洲腹地布隆迪的沙漠里，生长着一种没有枝丫的树木。高大浑圆的树干上面，直接长出长而硬的阔叶，叶柄并排从树干中伸出，整齐划一，恰似一把别致的巨型绿扇，又如开屏的孔雀，十分引人注目。

行走在沙漠中的旅行者，炙烤难耐时，遇见这种树也就遇上了救星——长长的阔叶不仅像一把伞能遮挡骄阳，其浑圆的树身简直就是一个巨型饮料罐。

行人只需用刀子在这种树上刻一个小洞，再插上管子，清香可口的汁液，就会沿管子涓涓流出，酷热口渴一扫而光，因此当地人为这种树取名为旅行家树。

布隆迪人非常敬重它，把它作为绿化风景树种植在城市道路两边及住宅的周围。

旅人蕉，顾名思义即与旅行有关的一种芭蕉。

的确，这种芭蕉科的乔木为马尔加什岛上的旅游者提供了不少便利。这种植物高 3 ~ 5 米，叶呈扇状，叶片酷似芭蕉叶，但要大得多。

旅人蕉瓢状的叶鞘内贮存了大量的甘醇水，游客一旦口渴了，只要在叶鞘上划一个小口子，就可以吸吮到清凉甘甜的饮料，消暑、解渴、生津，而且绝对不含任何人工添加剂。

旅人蕉的果子，味道也不错，深受旅行者喜爱。瞧！若旅游线路上长满旅人蕉，那么吃喝问题可就全解决了，还无背负之累。

最奇妙的当属生长在非洲坦桑尼亚大草原上的波巴布树，人称树木中的大胖子。从它的一大堆外号：花瓶树、大萝卜树、纺锤树、储水树中，我们不难想象它那独特的外形和奇妙的贮水本领。

波巴布树属木棉科，树高约 10 米，树干周长的最大处也就是树干中部可达 50 米，大约要有 40 个人手拉手才能将它围一圈。树干肚子大，两头细。树顶只有几个稀稀拉拉的枝条，而且树叶稀少，从远处看极像一个大萝卜。

它虽然很粗大，但是并不坚硬，其木质很像海绵，里面有很多小孔，蓄满了水分。它们还能结出灰白色的椭圆形果实，这种果实可以吃，但味道不怎么好，也缺乏营养，可是非常受当地猴子的喜欢，因此这种树又叫猴面包树。

热带草原上一年中有八九个月是旱季，所以，波巴布树必须在雨季中施展出全身本领以贮存水分，整个树干就好像大蓄水池一样。它贮水的本领也的确大得惊人——2 吨左右，足够一个人喝 5 年。

进入旱季，它的叶子会落光，这样可以减少水分蒸发，如此这般，波巴布树自然会从容度过几乎滴水不降的旱季。在荒原上，旅行者感到口渴时，就在树干上凿个小孔，插入吸管，吸取清心解渴的天然饮料。

在澳大利亚的沙漠中，也生长着成千上万棵大胖子树，恰似上帝专门给旅行者预备的天然水库。

在我国云南西双版纳和斯里兰卡首都科伦坡的人行道旁，种植着许多会“下雨”的树。在日出时分或者中午，常常从这些行道树上袭来一阵不小的“雨水”。初来这里的人，还以为是天降大雨，随即匆忙奔跑，可跑出几步路后却发现是一片艳阳天，回头细看，原来这雨水，只是从雨树上洒下的“植物雨”。

雨树是豆科植物中一种高大的乔木，树高可达 20 米左右，分枝平展，有一尺多长的羽状复叶。夏天，夕阳西下时，叶子卷成小团，开始吸收周围空气中的水汽，并把水汽凝结在里面。一个晚上，一枚羽状复叶可以吸收 0.5 千克左右的水。第二天，当太阳冉冉升起，叶子逐渐受热至伸展开时，叶内所蓄积的水分即一泻而下，于是一阵“植物雨”纷纷洒落，清新、清爽、湿润。

天然饮料中的极品，当属热带林木中的宝树果实——椰子的乳液了。它不仅营养丰富，而且口感好，甘醇爽口、清香润肺。

椰子树是单子叶植物，属棕榈科，常绿乔木，高可达 20 米，树干高

大直立无分枝，每株有大叶二三十个，丛生干顶，叶长 4 ~ 6 米，宽 1 米以上，羽状分裂，外观颇具美感。椰果椭圆形，生在干顶的叶腋处。

椰果外皮光滑，中皮纤维质层较厚，内皮坚硬，再往里就是含有脂肪的白色果肉了，内部含有白色的乳液。椰子内贮有约一小碗椰汁，椰汁口味清甜，是夏季良好的清凉饮料，尤其在椰林中摘取未全熟的椰子，椰肉尚未完全硬化，此时椰汁呈白色，既清甜又富于营养。

椰汁含有丰富的蛋白质、脂肪和多种维生素，也有很多促进细胞生长发育的激素。近几年来，用花药培养单倍体植物的育种新技术，就是利用椰汁为原料。这也从侧面表明，椰汁的营养价值是何其高。

椰子树一般生长在热带的沿海地区，在我国风景如画的南海之滨，这种风度飘逸、枝叶潇洒的树种，为南国风光增添了无比旖旎的风情。

比南国风光更令人回味的，当属美味的天然椰子汁了，当你感到口渴时，能喝到清凉甘醇的椰子汁，可是极大的享受，可能还会从心底里发出一声：椰风，挡不住！

植物中的“饮料”还有许许多多，甚至也可以这样说：森林，就是我们的饮料库。所以，人类要懂得感恩、懂得珍惜！

第五章 植物与人类

植物也疯狂

大自然在进化过程中，有一只无形的巨手，把各种生命调节得和谐有序。自然链条上的生命环环相扣，一物降一物，谁也不能称王称霸。

如果人类自作主张，随意改变自然链条上的某个环节，那么，失去了制约的生物，就会变得疯狂起来，动物如此，植物，也是如此！

1876年，当葛藤从故乡之一日本，现身美国费城举行的世界博览会时，葛藤的足迹、名声和命运，从此发生了翻天覆地的变化，这也让从未走出亚洲的葛藤始料不及。

最初，葛藤是以凉棚植物的身份，爬上美国南部城市里的凉亭和藤架的，它用“三出叶”快速织就了片片绿荫，人们投向它的眼神，是温和的，甚至充满了感激。葛藤没有想到的是，20世纪，经过当地一位植物学家的试种推荐后，自己突然间就“飞黄腾达”起来，成为美国联邦政府重点推广的植物。

在亚热带季风的吹拂下，葛藤欣喜地发现，这里没有天敌，一年四季温暖如春，太适宜自己居住了。再也不用在冬季里缩手缩脚，每天都可以撒着欢地生长！

葛藤不仅向植物学家显示了自己神奇的生长速度，还殷勤展示了自己全方位的优点：不择土壤、根深叶茂，是水土保持的好材料；花、枝、茎、叶样样有用，花可醒酒，叶子牛羊爱吃，藤是绿肥，还可以编织工艺品，葛藤的块根，可以加工成芡粉和类似于豆腐的食品……

于是，当美国南部惊现虫灾和经济大萧条、农田大面积撂荒而导致水土流失时，葛藤顺理成章地成为“救荒”植物、“大地的医生”。美国农业部用奖金鼓励种植，建立苗圃重点培育。到 1940 年，仅仅在得克萨斯一州，就种植了超过 50 万英亩的葛藤。

在这场不受大自然约束的“旅途”上，“带着面包和水壶去旅行”（萧仑语）的葛藤，将自己夸张的生长天赋，展露得淋漓尽致——一株葛藤可以分出 60 个枝杈，呈放射状泼辣辣伸胳膊伸腿。每个分杈每天赛跑似的爬出 5 到 10 厘米开外，一个生长季节攀爬近 50 米，总长度接近 3000 米！

换个说法，50 万亩的葛藤，十年后，已经翻了个儿，把一百万亩的土地，以及土地上的一切，用自己的绿荫，遮盖得密不透风。

葛藤的生长速度到底有多快？幽默的美国人这样调侃：栽种葛藤的人，封土之后必须跑步离开，否则，葛藤的藤卷，会缠绕上园艺师的腿，迅速把园艺师变成它的藤架。

葛藤撒腿撂欢，长得是真尽兴。可它笼盖下的其他植物，却遭了殃——没有了阳光，没有了立锥之地。

似乎是一眨眼的工夫，人们惊恐地发现：原本恩泽大地的藤蔓，突然间变成了绿魔，它的胃口超强，轻而易举地吞下了森林、山石以及它所触及的一切。目力所及，只剩下一个个“绿茧”。

20 世纪 70 年代，葛藤占领了密西西比、佐治亚、亚拉巴马等州 283 万公顷的土地，演变成美丽的灾难。而此刻，人们已经失去了对它的控制。

1954年，美国联邦农业部已经把葛藤从推荐植物的名单上划掉，开始转向研究如何控制和消灭葛藤了，然而结果却是“野火烧不尽，春风吹又生”。

人类有意无意打开的潘多拉魔盒，不是轻易就能够关上的！

和葛藤的情况类似，原产于南美的仙人掌，当初被当作观赏植物引进澳大利亚后，没料到它们迅速蔓延开来，飞快占领了澳大利亚2500万公顷的牧场和田地，人们用刀切、锄挖、车轧，均无济于事；200年前，澳大利亚从欧洲引进了几只家兔供人观赏，在一次突发的火灾中，家兔逃出木笼变成了野兔，不到100年，野兔的身影已经遍布澳大利亚，成了破坏庄稼、与牛羊争食牧草、影响交通安全的祸害……

是葛藤、仙人掌和兔子，错了吗？

不。始终生命力旺盛的葛藤、仙人掌和兔子，都没有错！

假如，它们没有到过缺乏天敌和寒冬控制的异国他乡，假如，当地政府没有极力鼓吹单一种植，“潘多拉魔盒”就不会打开。

其实，葛藤在中国虽然也生长，但是，冬天里它不耐严寒，地面上的藤蔓会全部死亡。到第二年春天，地下茎重新长出芽来，冬天里再度死亡，如此周而复始，大自然对它进行着有效的控制。但在美国，有些地方如加利福尼亚等地区冬天气温较高，葛藤可以安全越冬，失去了自然的约束，葛藤便如一匹匹脱缰的野马，无法扼制地疯长起来。

紫茎泽兰的名字，似乎能勾起人们对美的无限遐想，但自20世纪80年代入侵我国云南、四川等地以来，老百姓对它的痛恨，早已超出了洪水猛兽，并且直到今天，都不得不与这种洋恶草进行战斗。

这种好看无用、甚至有毒的野草，长势非常迅猛，每年以30多千米的速度向周边蔓延。所到之处，其他植物便失去了生存空间，谁也无法与它竞争地下的养分。羊、牛吃了还会出现中毒现象。

紫茎泽兰随风飘荡的冠毛，携带着草籽无孔不入，整个云贵高原无论是干旱贫瘠的荒坡、隙地、墙头，还是石坎、岩缝，都被它扩展为自己的地盘，原有的植物统统被“排挤出局”。四川省凉山州1996年一年内减少6万多头羊，畜牧业损失2100万元；盐源县自发现紫茎泽兰后的5年内死掉1.5万头羊。

不能由一个物种独霸天下，是大自然物种生存的一个准则。紫茎泽兰在原产地乌拉圭，它仅是一种普普通通、安分守己的植物品种，不显山，不露水，因为它的生存，始终在象甲虫的控制之中。可是中国却没有象甲虫，所以，来到中国的紫茎泽兰，就如放出潘多拉盒子的恶魔，所向无敌、独霸山野。

在我国，还有一种疯狂植物名叫水葫芦，学名凤眼莲，属雨久花科，原产于南美洲。

这种有着紫色亮丽的花朵，看似纤弱、婀娜的水草，曾一统美丽的云南滇池。水葫芦有着极强的生命力，一株植物90天内可以繁殖25万支新枝。一旦侵入水域，即以势不可挡之势覆盖整个水面，成为扼杀各种水生植物的恶霸。它挡住阳光，吸尽水中营养，使水中其他植物死亡；破坏水下动物的食物链，导致水生动物无法生存，从而使水中生态系统完全失衡。同时，任何大小船只也别想在水葫芦的领地里自如穿梭。

资料记载，20个世纪60年代以来，我国云南滇池主要水生植物有16种，水生动物68种，但到了20世纪80年代，大部分水生植物相继消亡，水生动物仅存30余种。

外来物种入侵，不一而足。除了紫茎泽兰和水葫芦，曾肆虐我国沿海的禾本科植物大米草、深圳内伶仃岛所遭遇的薇甘菊等，早已提醒人们，对这种兵不血刃“敌人”的入侵，也同样需要提高警惕。

外来物种的危害，多半是人们“引狼入室”的结果，少半是“姑息养奸”和“养虎为患”。水葫芦、大米草等

都是人们抱着保护滩涂的善良愿望引种的。

紫茎泽兰虽然不是有意引进，但同样在其传入之初抱着无所谓的态度，始料未及的是，在别的生态系统中没有危害的物种到了一个新环境，却疯狂起来，成了有害物种。

因此，因为人的疏忽而被妖魔化的植物表明——自然界经过千百万年优胜劣汰形成的生物链，是不可以随意更改的。

人与植物的情感

瑞士一个富有的老太太，临终前立下遗嘱，将一笔价值人民币 400 万元的遗产，留给自己心爱的一盆室内植物。法律界人士认为，这是前所未有的最最奇怪的遗产处理方式。

许多人闻此消息无比惊异，对老人的做法不能理解，但一些爱花人士却对此十分欣赏。

居住在瑞士日内瓦的这位 79 岁的老人，在其心脏病发作不久于人世时，立下了遗嘱，她的巨额财产的承受者不是她的亲戚，而是放在她家客厅中的一位植物朋友。她的代理律师在有关文件中，形容这盆植物是这位老妇人生前最好和唯一的朋友。在她生命最后的五年中，她与它一直“相依为命”，也几乎把全部的感情，都倾注在这盆植物上了。

据她的邻居说，自从她的丈夫去世后，她的性情便越来越乖张，在逝世前几个月完全断绝了与任何人的往来。

在她的遗嘱中，申明重金聘请一个名叫柏德丝的妇女，负责日常照料这盆植物的“吃、喝、娱乐”等事宜，每年的酬金价值约合人民币 30 多万元。老妇人规定她必须做好几件事，包括毫不懈怠地为这盆植物浇水和施肥。最最特别的是，她必须用老妇人遗留下的单簧管，为这盆植物吹奏一首名为《火绒草》的小夜曲，每天至少吹八遍，以使这盆植物心情舒畅；且规定不得将这盆放在客厅正中玻璃台架上的花移到其他任何地方，直到其寿终正寝。

负责照料这盆植物的柏德丝，对这份差事倒很认真，她遵照老妇人的遗嘱，像照顾婴儿一样照顾它。

虽然人们不知道老人为什么如此珍爱这盆花，但肯定，在老人最后的岁月里，这盆花赋予了她全部的慰藉。我们也不知道这盆如此幸运的植物到底是哪路神圣，何科何名，但在这个世界上，有人如此善待一株绿色植物，实在令人感动。

如果说这位老妇人爱植物胜于爱亲人，值得人们敬佩，那么另一宗奇闻中，一位妇女因“虐待植物”而锒铛入狱，则让人多少感觉是报应。

居住在南美洲哥伦比亚卡里市的一位名叫安娜的妇女，1994 年，被当地一位园艺协会的主席汉威起诉犯有“虐待植物”罪。起诉书中，指控安娜在过去的半年中，残酷“虐待”了 120 株名贵花草树木，不浇水也不施肥，致使这些植物全部枯萎。此外，安娜还故意用火烧，用刀砍植物，使这些美丽的花草沦为残枝败叶。

安娜败诉后被警方拘捕，以虐待植物罪被判处 6 个月的监禁，这也许是世界上首宗关于“虐待植物”的官司。

在世界大多数国家的法律法规中，都对植物明文予以保护，肆意毁坏植物的行为是违法行为，要受到法律法规的惩治。

然而，这些法律法规都是站在人的立场上，因为毁坏植物影响了他人的生活、生存，因而要受到处罚，很少有站在植物的立场去考虑。

要知道，植物也是有生命的个体，许多植物的自然寿命要比人类长很多，它们的历史，比人类历史也要悠久得多。它们更是地球的主人，它们的生存权利理应得到保护。也许，目前人们还不可能基于植物的立场去制定法律法规，但人们已经越来越清醒地意识到，植物与人类有密不可分的关系——没有植物，就没有人类。

因此，我很赞赏那位爱戴植物的可敬的老妇人，谴责伤害植物的安娜的行为，如果人人对植物多一些爱心，植物会赋予人类更多。

枫言树语

“请注意汽车！请注意汽车！”当倒车提示音在耳畔响起时，就见一辆车快速退向我，假如我有腿，是可以躲过一劫的，可我，是一棵无法移动的树。

“咣”的一声，地动山摇，小轿车的保险杠毫不留情地撞到我身上。一大块树皮蹭掉了，我的腰也差点折了……那个可恶的冒失的司机，竟然没有一点歉意，一溜烟逃走了。他的身后，落了一地的，那不是树叶，是我悲伤的眼泪！

左邻右舍纷纷安慰我，这点伤害算得了什么？比这严重的多着呢！有那么一些人根本没把我们树放在眼里，烟熏火燎、斧劈刀砍的事时有发生，大伙只有相互关照，日子才不那么漫长。

高高大大的法桐说：“坚强点，伙计，比起我体内的几枚穿心铁钉，你所受的伤害是暂时的，能够活到今天，已是我们的幸运。”

银杏说：“我的痛苦不比你们少，每年秋天，灾难会随着树叶发黄降临在我头上，一些人为了快速获取我的叶片和果实，把我摇晃得东倒西歪，翻肠倒肚，甚至连我的枝条也生生拽下来，我身上的伤疤比比皆是，心中的伤痛，无以言表……”

国槐的一席话，不但没有安慰我，反而增添了新的恐惧。

他说：“朋友们，别再旧事重提了，还是为我们的未来祈祷吧！听说这条街道马上要拓宽改造了，我们能否继续生存下去还很难说呢！你们也知道，前几年西郊改建一座超市，就毁掉了不少四五十年树龄的法桐、柿树和核桃树呢！”

国槐说完，大伙儿都沉默了，是呵，明天的明天，还有我们举起片片绿叶的一席之地吗？

在这群树当中，我的身份有点特殊。我是一棵枫树，来自枫叶之国加拿大，十多年前，我，作为友好城市渥太华赠予本市的礼物，不远万里来到中国，扎根西北，一晃，已过去了好多年。

记得初来乍到，最最不习惯的是这里的空气，大气污染物和粉尘常常盘踞在城市上方，我呼吸不畅，举目不见南山，倾耳难辨晨钟暮鼓…… 慢慢地，我发现比空气质量更可怕的，是一些人对树的态度。

我的同伴经历的酷刑太多了，车撞人折、刀刻斧砍、铁钉穿心等。大伙儿不知道哪天更大的灾难会降临到我们这些与人为善的树上。

夜深人静时，我常常怀念绿毯一样的故乡，怀念故乡的林中雾霭和叶上露珠，怀念翩然翻飞的蝴蝶和花间吟唱的蜜蜂，更怀念故乡珍爱、呵护绿色的乡亲。

记忆中，当年为了一棵树，渥太华市的一位著名楼房设计师不得不忍痛修改了自己原先的设计，在不该凹的地方凹进去了一部分。之所以这样，仅仅是尊重有生命权和先入权的一棵椿树，一棵在这里平平常常随处可见的椿树！因为，这棵普通的椿树，先于楼房生长在那里，它是那片土地上的原住“居民”！

还有，到过渥太华的人都会惊奇地发现，那里的许多公路为S型，不像我们这里，直筒筒的如同飞机跑道。那种曲线道路，许多是修路者为树让道的结果。因为人们清楚，树木，是地球上更少暴戾、更多温文的朋友，人类的许多创举、幻想和朝气，都神秘地源于绿树。

寒来暑往，叶儿绿了红，红了又绿。十多年的风霜已将我历练成一棵地地道道的西安树。

西安，我的新家园，就这样日日与大小雁塔为邻，即便有不怎么清新的空气洗礼，或者有意、无意的伤害造次，只要心中有一份企盼，有一份对生命的热烈追求，盛夏也就不再炎热，“陋室”也就很有几分春意了。

只是，砍头的噩运，千万别降临在我们身上啊，古城空气的改良，需要的正是我们千千万万棵参天大树啊！

感谢上苍，如今，我和我的伙伴们都被移栽到南郊电视塔下。很庆幸，这次，人们的观念真的变了！我们又能够在自由的天空下听风嬉雨，相互慰藉。

这一切，或许源于我特殊的身份，而我，更愿意理解为西安人环保意识的提升。

眼下，西安正积极创建国家森林城市，我们的周围，绿色越来越多。

看来，我们与人类共同企盼的好日子不远了。

草之不幸，福将焉附
——一棵小草的诉说

“没有花香、没有树高，我是一棵无人知道的小草……”是的，我是一棵至今也鲜为人知的小草，在这山林之间，在这岩石之上，一捧黄土支撑着我的腰身。

千百年来，我和我的兄弟姐妹们惬意地生长在这里，有清澈的山泉滋养我，有蜂围蝶阵陪伴我……虽有野火烧、动物啃，像天上繁星一样多的我们，从来不为将来的命运担忧，“野火烧不尽，春风吹又生”。但是，自从人类的脚步踏进这座山林，这一切就变了。

变化，首先来自不远处生长的一片野生杜仲林。

有着“植物界孤儿”之称的杜仲，在全球仅余中国这独科独属独种，它逃过了几十万年前的冰川袭击，万劫余生遗存至今，却躲不过现代人的贪欲，就连毁灭的速度，也是现代化的。

按入药标准，15 年树龄以上的杜仲皮才能采剥，可是一些丧失理智的人，连拇指粗的幼树皮也统统剥净，裸露出白树干的小杜仲，几天后便命归黄泉。

虽说暂时我们的处境还没有危险，那些贪婪的目光似乎只盯着高高大大的乔木，但近在咫尺的酷刑，使众小草个个自危。

各种掠夺野生草本的暴行在小草中屡屡发生，而且证据确凿，随手撷出一二：

甘草，曾是我们中的一员，既是著名的草药，又可以固沙。20 世纪 90 年代初，“甘草热”蔓延北部中国，从东北三省到陕甘宁，再到内蒙古，每逢雨季，挖甘草的数十万大军，不顾政府禁令，掘地三尺，疯狂采挖，不惜使甘草断子绝孙，连火柴杆粗细的甘草都不放过。一时间，新疆、宁夏、内蒙古 300 多万公顷大草原被翻了个底朝天，荒漠和沙丘，变成了千千万万草本兄妹的坟墓。

与甘草同病相怜的是发菜。为了满足口腹之欲，一些人又一次上演了植物版的“杀鸡取卵”：用梳子般的细齿大铁耙，压上沙袋深深地扎入草地搂，要知道，搂 500 克发菜是要以 1.3 公顷草地作为代价呀！

甘草、发菜的栖息环境已千疮百孔，这两种草本兄妹，也走到了濒危的边缘。

像这样，已经危在旦夕的野生植物不胜枚举，尤其是具有药用价值的中草药，如黄芩、雄黄、锁阳、刺五加、防风、麻黄和冬虫夏草……失去了这些草本中药材，庇护炎黄子孙千年的中医，也将面临“无米之炊”！

而这些，仅仅是人类掠夺式索取的点滴，在人类短视、无节制的贪欲里，生长了几亿年的野生动植物朝不保夕、风雨飘摇。

据有关调查，全球每天有约 27 个物种消失，是自然状态下物种灭绝的 100 倍！有些野生植物在人类还没有认识前就灭绝了，实在太可惜！

以前，我常常为自己的不为人知遗憾。或许，我也是一匹草本“千里马”呢，也能够成为造福人类的功臣。

但是，当我知道了同伴甘草的命运后，似乎又要庆幸无“伯乐”赏识了。假如我或者我周围的小草被人类选中，说不定也会重蹈“竭泽而渔”的覆辙，以至于还没有派上用场，就要退出生命的“舞台”。这不仅是我们小草的悲哀，更是人类的悲哀！

一粒被风吹来的种子说：“也别太悲观了，在洪水、沙尘暴、SARS病毒、泥石流等生态红灯的频频示警下，人类已经意识到，保护野生植物在内的所有生命，就是保护人类自己。并且针对甘草、发菜等许许多多濒临灭绝的植物，出台了相应的法律法规……噢，还有大伙最关心的一点，那就是我们这里马上要成立自然保护区，让大伙担忧的日子快结束啦！”

这，无疑是天大的好消息，没有了生存忧患，我的愿望就单纯了，我只期待着人类早日发现我，利用我。

至今，我依然清晰地记得，小草们谈起野生植物曾造福人类时的那份自豪和向往。

1970年，中国农业科学家袁隆平在海南采集到一株花粉败育的野生稻，使中国在杂交水稻上取得重大成功；70年代末，美国科学家在中国找到具有抗旱等性状的野生大豆，与栽培品种杂交获得成功，使美国从大豆进口国，一跃成为大豆出口国……

抛开种质保存，数量庞大的野生草本当仁不让是维护环境的功臣。

绿草遍地的地方，哪里会有沙尘？生存在绿色的环境中，呼吸着健康清新的空气，享受舒适的气候，还有美丽的风景，岂不惬意！

如今，地球上约1000

万个物种中，人类最多才认识十分之一，那么十分之九未被认识的物种中，肯定蕴藏着大量能为人类与环境带来福音的野生种。

还有，现代作物都是经过人工改良的品种，一旦需求发生改变，或者气候发生改变，或者发生病虫害，而此时，如果没有了野生的原种救急，人类的庄稼很可能颗粒无收！

“神农遗下千味草，济世凡间给万人。”每一种小草，都是神秘的大自然赐给人类的一眼幸福泉。

人类，你们怎么舍得让小草消失？

草之不存，福将焉附！

后　　记

植物世界一直令我神往，那是个奇妙而美丽的国度，里面有许许多多非常精彩的故事。人类对这个王国的了解越多，对待植物的盲目性和狂妄自大就会越少。

正如文中所述，植物在许多方面都与人很相似：一年长一岁，它们也有智慧、有血型、有喜怒哀乐，有的爱听音乐，有的嗜酒如命，有的疾恶如仇，有的善于伪装，有的温顺，有的脾气暴躁……当然，这些仅仅是这个神秘国度的冰川一角。

如果，这本小书能够让亲爱的读者对各种各样的植物和花草产生浓厚的兴趣，并且由此走上从事植物学的研究之路，我想我的目的也就达到了。

历经整整两个年头的资料查阅和整理，并逐一为每篇文章精心配画了插图，这本科普书籍终于和大家见面了。

在此，我要特别感谢中国科协对于本书的无私援助和对科普工作者的鼎力支持，感谢陕西省科学院副院长周杰为该书作序，也要感谢本书的出版者。另外，在编著本书的过程中，本人参考了许多关于植物的科普书籍、报纸和杂志等，参考过的主要书目开列出来，一并对于这些书刊的编著者和出版者表示诚挚的感谢！

本人水平有限，书中的谬误及不足之处，敬请各位读者指正。

《植物奇观》裘树平编著
少年儿童出版社出版
《绿色魔术》文朴编译
团结出版社出版
《中华少年百科全书》(自然环境卷)石怀玉主编
内蒙古人民出版社出版
《植物之谜》徐炳声等编著
文汇出版社出版
《植物王国》汪劲武等编著
天津科技出版社出版
《中国花卉报》《植物》《森林与人类》《人与自然》《绿色大世界》《花卉》等报刊

感谢！

email : yzq0601@126.com